ARITHMÉTIQUE.

DEUX QUESTIONS IMPORTANTES

TRAITÉES AVEC BEAUCOUP D'ORDRE ET DE PRÉCISION

Par un ancien professeur de mathématiques,

P. E.

DIVISIBILITÉ DES NOMBRES.

APPROXIMATIONS NUMÉRIQUES.

PARIS

MALLET-BACHELIER, IMPRIMEUR-LIBRAIRE

DU BUREAU DES LONGITUDES, DE L'ÉCOLE IMPÉRIALE POLYTECHNIQUE,

Quai des Augustins, 55.

1860

DIVISIBILITÉ DES NOMBRES.

APPROXIMATIONS NUMÉRIQUES.

Paris. — Imprimé par E. Thunot et Cᵉ, rue Racine, 26.

ARITHMÉTIQUE.

DEUX QUESTIONS IMPORTANTES

TRAITÉES AVEC BEAUCOUP D'ORDRE ET DE PRÉCISION,

Par un ancien professeur de mathématiques,

P. E.

DIVISIBILITÉ DES NOMBRES.

APPROXIMATIONS NUMÉRIQUES.

PARIS

MALLET-BACHELIER, IMPRIMEUR-LIBRAIRE

DU BUREAU DES LONGITUDES, DE L'ÉCOLE IMPÉRIALE POLYTECHNIQUE,

Quai des Augustins, 55.

1860

Hommage à l'Auteur.

SON ÉLÈVE RECONNAISSANT.

ARITHMÉTIQUE.

DIVISIBILITÉ DES NOMBRES.

1. Lorsque deux nombres sont tels que l'un est le produit de l'autre par un nombre entier, on dit que le premier est *divisible* par le second, ou bien le second est un *diviseur* du premier, ou encore le premier est un *multiple* du second, ou le second est un *sous-multiple* du premier, ou enfin le second est une *partie aliquote* du premier. Toutes ces locutions sont indifféremment employées pour exprimer que le plus grand des deux nombres est le produit du plus petit par un nombre entier.

Lorsqu'on dit que plusieurs nombres ont un diviseur commun, on exprime qu'ils sont les produits d'un même nombre par différents nombres entiers. Ainsi 72, 108, 135, 207 ont 9 pour diviseur commun. On dit aussi qu'ils sont multiples du nombre 9, que 9 est un sous-multiple commun des nombres 72, 108, 135, 207.

2. Principe. — *Lorsque plusieurs nombres ont un diviseur commun, leur somme a le même diviseur.*

En effet, les nombres ayant un diviseur commun, cela signifie qu'ils sont les produits de ce diviseur commun par des nombres entiers différents ; alors leur somme est le produit de ce diviseur commun par la somme de ces nombres entiers ; donc la somme a aussi ce diviseur.

Par exemple puisque 72 contient 8 fois 9, 108 le contient 12 fois, 135, 15 fois et 207, 23 fois, la somme $72+108+135+207$ ou 522 doit contenir 9, 8 fois, puis 12 fois, encore 15 fois et encore 23 fois, c'est-à-dire 58 fois ; donc la somme 522 est divisible par le même nombre 9.

Ce principe s'énonce de plusieurs manières :

Lorsque plusieurs nombres sont divisibles chacun par un même nombre, leur somme est divisible par ce nombre.

Lorsqu'un nombre est diviseur de plusieurs nombres, il est diviseur de leur somme.

Lorsqu'un nombre est sous-multiple de plusieurs nombres, il est sous-multiple de leur somme.

Lorsque plusieurs nombres sont multiples d'un même nombre, leur somme est multiple de ce nombre.

Corollaire 1. — *Lorsque deux nombres ont un diviseur commun, leur différence a le même diviseur.*

Le nombre dont on retranche étant la somme du nombre retranché et du nombre appelé *différence* doit contenir le diviseur commun aux deux nombres proposés autant de fois qu'il est contenu dans le nombre retranché, plus autant de fois qu'il est contenu dans la différence ; donc la différence doit contenir ce diviseur commun autant de fois qu'il est contenu dans le plus grand nombre moins autant de fois qu'il est contenu dans le plus petit. Donc la différence a le même diviseur.

Corollaire 2. — *Lorsqu'un nombre admet un diviseur, chaque multiple de ce nombre admet le même diviseur.*

Car tout multiple d'un nombre est une somme de nombres égaux à ce nombre. Puisque chaque partie de la somme admet le diviseur, la somme, c'est-à-dire le multiple du nombre proposé, admet le même diviseur.

Remarque. — *Lorsque les parties d'une somme à l'exception d'une admettent un même diviseur, la somme n'admet pas ce diviseur.*

NOMBRES PREMIERS.

3. Dans la suite indéfinie des nombres entiers on distingue deux classes, celle des nombres qui n'admettent aucun autre diviseur que 1 et qu'eux-mêmes, comme 7, 13, 47, 103..., et celle des nombres ayant au moins un diviseur différent de l'unité et différent du nombre proposé, comme les nombres 12, 25, 33, 42, 169...

Ceux de la première classe sont nommés *nombres premiers* ou *nombres simples;* les autres *nombres composés.*

4. Théorème. — *Un nombre qui n'est pas premier*, ou autrement dit, *un nombre composé est toujours divisible au moins par un nombre premier.*

Soit A le nombre qui n'est pas premier, alors il a au moins un diviseur a, par suite il est le produit de ce diviseur a par un nombre entier b; voilà donc $A = a \times b$, produit de deux facteurs. Si l'un des deux facteurs est un nombre premier, le théorème est démontré; mais si ni l'un ni l'autre n'est un nombre premier, chaque facteur est comme A le produit de deux facteurs, alors A est le produit de quatre facteurs plus grands chacun que 1. Si aucun de ces quatre facteurs n'était un nombre simple, chaque facteur serait un produit de deux facteurs et A serait le produit de huit facteurs plus grands que 1. Si parmi les huit il n'y en avait pas un seul qui fût un nombre premier, il faudrait admettre que le nombre A est le produit de seize facteurs plus grands que 1, puis le produit de 32, etc., etc., etc..., le produit de nombres plus grands que 1 et plus nombreux que tout ce qu'on pourrait imaginer; il faudrait donc admettre que le nombre proposé serait plus grand que tout nombre donné; ce serait absurde. Donc un nombre qui n'est pas premier admet au moins un nombre premier pour diviseur.

5. *Dans la suite indéfinie des nombres il y a une infinité de nombres premiers.*

En effet, pour le prouver, il suffit de faire voir que quel que soit le nombre premier considéré, k par exemple, il y a un nombre premier plus grand que celui-là. Nommons P le produit de tous les nombres premiers depuis 1 jusqu'à k inclusivement, et ajoutons 1 à ce produit, on obtient un nombre $N = P + 1$. Ce nombre N est ou premier ou divisible par un nombre premier ; dans le premier cas, la proposition est démontrée, puisque N est évidemment plus grand que k ; dans le second cas, il est facile de voir que le nombre premier qui est diviseur de N est plus grand que k ; car tout nombre premier plus petit que k est sûrement un des facteurs de P, par suite un diviseur de P, et comme il ne peut être diviseur de 1, il ne peut être non plus diviseur de N. Donc le nombre premier qui est diviseur de N est plus grand que k ; donc il y a une infinité de nombres premiers.

6. *Le reste de la division d'un nombre premier plus grand que 3 par 6 est ou 1 ou 5.*

Car tout nombre plus grand que 3, qui divisé par 6 donne pour reste 2 ou 4 est évidemment divisible par 2, puisque chacune de ses parties est divisible par 2, ce n'est donc pas un nombre premier ; et tout nombre plus grand que 3, qui divisé par 6 donne 3 pour reste est évidemment divisible par 3, puisque chaque partie est divisible par 3, donc ce n'est pas un nombre premier ; donc un nombre premier plus grand que 3 étant divisé par 6, ne peut donner pour reste que 1 ou 5.

Voilà pourquoi on dit quelquefois *tout nombre premier plus grand que 3 est compris dans la formule* $6n \pm 1$.

La réciproque n'est pas vraie, un nombre peut être pris dans la formule sans être nombre premier, ainsi 25 vaut $6 \times 4 + 1$, 35 vaut $6 \times 6 - 1$.

Ce caractère n'est donc pas suffisant pour faire reconnaître si un nombre donné est premier.

7. Un moyen certain de s'assurer si un nombre donné est un nombre premier, c'est de se guider par le théorème suivant :

Un nombre donné est premier lorsqu'il n'est divisible par

aucun des nombres premiers qui précèdent le plus petit des nombres par lesquels divisant le nombre proposé on trouve pour quotient un nombre plus petit que le nombre par lequel on a divisé.

Soit N un nombre, qui n'est divisible par aucun des nombres inférieurs à k, lequel est le plus petit des nombres par lesquels divisant N on trouve un quotient plus petit que le diviseur ; alors N est un nombre premier. En effet si N n'était pas un nombre premier, il serait divisible ou par k ou par un nombre plus grand que k, mais alors le quotient serait aussi diviseur de N ; or ce quotient est, d'après la donnée, plus petit que le diviseur, par suite plus petit que k ; N aurait donc un diviseur plus petit que k. Mais, d'après la donnée, le seul diviseur plus petit que k qu'il ait est 1 ; donc le seul diviseur plus grand que k qu'il ait est N ; donc N est un nombre premier.

On reconnaît facilement par ce moyen que 211 est un nombre premier ; car, en essayant les divisions de ce nombre par chacun des nombres premiers consécutifs 2, 3, 5, 7, 11, 13, 17, pas une ne donne zéro pour reste, et la dernière donne un quotient plus petit que 17 ; donc 211 est un nombre premier.

8. On se dispense de toutes ces divisions quand on a une table de nombres premiers. Mais comme la suite des nombres premiers n'a pas de fin, on est forcément obligé de limiter cette table à un certain nombre. Alors la méthode indiquée précédemment pour savoir si un nombre est premier, s'applique avec succès aux nombres qui dépassent cette limite.

On obtient une table de nombres premiers plus petits qu'un nombre donné, en écrivant à la suite de 2 les nombres 3, 5, 7, 9, 11, 13, 15, etc......, qui croissent de l'un à l'autre de deux unités. Cette suite de nombres ne renferme aucun des multiples de 2 ; 3 est un nombre premier. Pour supprimer tous les multiples de trois, après trois on compte les nombres de trois en trois, et chaque troisième est un multiple de 3, puisque de l'un à l'autre il y a une augmentation de 2×3 ; on supprime ces nombres. Le premier nombre après 3, qui n'est pas supprimé, est un nombre premier, puisqu'il n'est divisible par aucun des nombres plus petits ; c'est ici le nombre 5. A la suite de 5, on compte les nombres de cinq en cinq, chaque cinquième est un multiple de cinq, puisque de l'un à l'autre il y a une augmentation de 2×5 ; on supprime ces nombres. Le premier nombre après 5, qui n'est pas supprimé, est un nombre premier ; c'est 7. Alors, après 7, on compte les nombres de sept en sept, et chaque septième est un multiple de sept ; on supprime tous ces nombres. On recommence de même à partir du nombre qui est le premier non supprimé après le dernier nombre premier dont on a supprimé tous les multiples.

Mais le premier saut peut être plus considérable. Car soit n le nombre premier dont on veut supprimer tous les multiples ; comme on a déjà enlevé les multiples des nombres premiers plus petits que n, il est évident que les produits de n par les nombres inférieurs à n ne sont plus dans la suite des nombres écrits, alors on doit passer de n au produit de n par n, c'est-à-dire au carré de n ; après ce carré, on compte les nombres de n en n et chaque $n^{ème}$ est supprimé comme étant multiple de n. Lorsqu'on est arrivé à un nombre dont le carré dépasse la limite imposée à la table, l'opération est terminée et l'on a une table de nombres premiers depuis 1 jusqu'à la limite donnée.

9. Principe. — *Un nombre premier n'est pas diviseur d'un produit de deux facteurs lorsqu'il est plus grand que chaque facteur.*

Car s'il était diviseur du produit, il serait nécessairement diviseur d'un produit plus petit que le premier, par suite d'un troisième produit plus petit que le second, puis d'un quatrième encore plus petit ; enfin d'une suite de produits de plus en plus petits, dans laquelle il y en aurait un plus petit que le nombre premier proposé. Or, il est absurde qu'un nombre soit diviseur d'un autre nombre plus petit. Donc le nombre premier n'est pas diviseur du produit de deux facteurs plus petits chacun que ce nombre premier.

Il faut démontrer que si le nombre premier était diviseur du produit, il serait nécessairement diviseur d'un produit plus petit. En effet, soit p le nombre premier plus grand que b et plus grand que c, si p est diviseur du produit bc, il est diviseur aussi d'un produit plus petit que bc. Puisque p est un nombre premier plus grand que b, en divisant p par b, on a un quotient entier m et un reste 6 plus petit que b; ainsi on a $p = mb + 6$. En multipliant chaque membre par c, on a $pc = m.bc + 6c$. Or, p étant diviseur de bc serait diviseur de $m.bc$ qui est un multiple de bc, mais comme évidemment il est diviseur de pc, il le serait de $6c$. Étant diviseur de $6c$, le même raisonnement prouve qu'il le serait de 6_1c, puis de 6_2c, de 6_3c, etc..... en désignant par 6_1, 6_2, 6_3, etc..... les restes obtenus en divisant p par 6, ensuite p par 6_1, ensuite p par 6_2, etc...... Comme p n'a aucun diviseur, on arrivera à un reste égal à 1; donc p devra être diviseur du produit $1 \times c$ ou c, ce qui est absurde, puisque p est plus grand que c, donc p n'est pas diviseur du produit ab.

10. *Lorsqu'un nombre premier n'est diviseur d'aucun des deux facteurs d'un produit, il n'est pas diviseur du produit.*

La proposition est vraie, d'après le principe précédent, lorsque le nombre premier est plus grand que chaque facteur. Une démonstration est nécessaire, 1° lorsque le nombre premier est plus petit que chaque facteur; 2° lorsque le nombre premier est plus petit que l'un seulement des deux facteurs.

1° Soit p le nombre premier plus petit que a et plus petit que b, n'étant diviseur ni de a ni de b, il faut prouver que p n'est pas diviseur du produit ab. D'après les données on doit avoir $a = mp + \alpha$ et $b = kp + 6$, alors le produit

$$ab = mkp^2 + kp\alpha + mp6 + \alpha6.$$

Or, p est diviseur de chacune des trois premières parties du produit ab, mais, d'après le principe ci-dessus, il n'est pas diviseur de ab, puisque a et b sont plus petits que p; donc p n'est pas diviseur du produit ab.

2° Soit p plus petit que a et plus grand que b, alors $a = mp + a$ et par conséquent $ab = mbp + ab$. Or, une des deux parties, mbp, du produit ab est divisible par p, puisqu'il est plus grand que a, et que b; donc le produit n'est pas divisible par p.

11. *Un nombre premier n'est pas diviseur d'un produit d'un nombre quelconque de facteurs, quand il n'est diviseur d'aucun facteur.*

Soit p le nombre premier qui n'est diviseur d'aucun des facteurs du produit $abcdef$, il faut prouver que p n'est pas diviseur du produit. En effet, p n'étant diviseur ni de a ni de b, n'est pas diviseur du produit ab; n'étant diviseur ni de ab ni de c, il n'est pas diviseur du produit abc; n'étant diviseur ni de abc ni de d, il n'est pas diviseur du produit $abcd$; etc.

12. *Tout nombre premier qui est diviseur d'un produit doit être diviseur de l'un, au moins, des facteurs de ce produit.*

Car s'il n'était diviseur d'aucun facteur du produit, il ne serait pas diviseur du produit, et comme il est donné diviseur du produit, il doit être diviseur de l'un, au moins, des facteurs de ce produit.

13. *Tout nombre premier qui est diviseur d'une puissance d'un nombre est diviseur de ce nombre.*

Car un nombre premier qui est diviseur d'un produit est diviseur d'un facteur de ce produit.

14. *Un nombre premier ne peut être diviseur d'une puissance d'un autre nombre premier.*

Car ce nombre premier n'étant diviseur d'aucun des facteurs du produit qui est la puissance du second nombre premier, ne peut être diviseur de ce produit, c'est-à-dire ne peut être diviseur de cette puissance.

15. *Une puissance d'un nombre premier ne peut être diviseur d'une puissance d'un autre nombre premier.*

Car p^n n'étant diviseur d'aucun des facteurs p' du produit p'^k, ne peut être diviseur du produit p'^k.

Remarque. — Lorsqu'un nombre premier est diviseur d'un autre nombre premier, il est égal à ce nombre.

16. *Un nombre qui n'est pas premier n'est décomposable qu'en un seul système de facteurs premiers.*

Soit N le nombre qui n'est pas premier, alors il est le produit de deux facteurs plus petits chacun que N, soient a et b. Si ces deux nombres a et b sont des nombres premiers, le nombre proposé N est le produit de deux nombres premiers. Si a et b ne sont pas des nombres premiers, ils sont chacun le produit de deux nombres c et d pour a et e et f pour b; alors $N = cdef$. Si ces nombres, ou quelques-uns ne sont pas des nombres premiers, ils sont les produits de deux nombres, et cette décomposition peut être continuée jusqu'à ce que chaque nombre soit un nombre premier; donc un nombre qui n'est pas premier est un produit de nombres premiers.

Soit $\alpha\beta\gamma\delta\epsilon\lambda\mu$ le produit de nombres premiers égal au nombre proposé N. Supposons un second système de nombres premiers α', β', γ', δ', ϵ', ... dont le produit soit égal aussi à N, alors les deux produits $\alpha\beta\gamma\delta\epsilon\lambda\mu$ et $\alpha'\beta'\gamma'\delta'$ ..... sont égaux. Or, α' est diviseur du second, il doit être aussi diviseur du premier; mais lorsqu'un nombre premier α' est diviseur d'un produit $\alpha\beta\gamma\delta\epsilon\lambda\mu$, il est diviseur d'un facteur au moins de ce produit; les facteurs de ce produit sont tous des nombres premiers, et lorsqu'un nombre premier est diviseur d'un nombre qui est aussi premier, il est égal à ce nombre; donc α' doit être un des nombres α, β, γ, δ, ϵ, λ, μ. Il en est de même de β', de γ', de δ', de etc... Donc le second système a les mêmes facteurs premiers que le premier système.

Si le premier système contient plusieurs fois le même nombre premier comme facteur, le second système contient aussi ce nombre premier le même nombre de fois comme facteur; car les deux systèmes étant divisibles par le même nombre premier α, et étant égaux tous les deux à N, les quotients obtenus en divisant ces deux systèmes par ce nombre premier α doivent être égaux; ainsi $Q = Q'$. Le premier Q étant encore divisible par le nombre premier α, le second doit l'être aussi, et les quotients Q_1 et Q'_1 doivent être égaux, et si Q_1 a encore le facteur α, le quotient Q'_1 doit l'avoir aussi ; ainsi de suite. Si le premier système contient le facteur α n fois, les n quotients consécutifs $Q, Q_1, Q_2 \ldots Q_{n-1}$ seront divisibles par α, de même les n quotients consécutifs $Q', Q'_1, Q'_2 \ldots Q'_{n-1}$ seront divisibles par α ; le quotient Q_n ne contenant plus le facteur premier α, le quotient Q'_n qui est égal à Q_n ne le contiendra plus aussi ; donc le second système contient aussi n fois le facteur premier α, comme le premier système.

On démontrerait de même pour les autres facteurs premiers ; donc un nombre qui n'est pas premier n'est décomposable qu'en un seul système de facteurs premiers.

17. *Pour qu'un nombre soit divisible par un autre nombre, il faut qu'il contienne tous les facteurs premiers de cet autre avec des exposants qui ne soient pas plus petits que ceux qu'ils ont dans cet autre.*

En effet, pour que A soit divisible par b, il faut que A soit le produit de b par un nombre entier. Or le produit de deux nombres contient tous les facteurs premiers de ces deux nombres ; donc A doit contenir tous les facteurs premiers de b et avec des exposants qui ne soient pas plus petits que ceux qu'ils ont dans b.

18. *Deux ou plus de deux nombres sont dits* PREMIERS ENTRE EUX *lorsqu'ils n'ont pas d'autre diviseur commun que 1.*
Ainsi 35 et 44 sont premiers entre eux parce qu'ils n'ont que 1 pour diviseur commun. De même 21, 10, 32, 28 et 33 sont premiers entre eux parce que 1 est le seul nombre qui soit diviseur de chacun de ces quatre nombres.

Chaque nombre premier n'ayant que deux diviseurs, 1 et le nombre premier lui-même, deux nombres premiers, ou trois nombres premiers, ou un nombre quelconque de nombres premiers, sont toujours premiers entre eux. La réciproque n'est pas vraie, les nombres qui sont premiers entre eux ne sont pas toujours des nombres premiers. Ainsi, 35 et

44 sont premiers entre eux et ne sont pas des nombres premiers.

19. *Tout diviseur d'un produit de deux facteurs qui est premier avec l'un des deux facteurs est diviseur de l'autre.*

Soit a diviseur du produit k dont les deux facteurs sont b et c, soit de plus a premier avec b, il faut prouver que a est diviseur de c. 1° Si a était un nombre premier, le théorème serait démontré ; car lorsqu'un nombre premier est diviseur d'un produit, l'un des facteurs, au moins, est divisible par ce nombre premier. Or, d'après la donnée, b est premier avec a, il n'est donc pas divisible par a, donc c est divisible par a. 2° Si a n'est pas un nombre premier, il est le produit de nombres qui sont premiers. Puisque k est divisible par a, il contient tous les facteurs premiers de a, mais b étant premier avec a ne contient aucun des facteurs premiers de a, donc c les contient tous. Donc c est divisible par a.

20. *Tout nombre qui est premier avec plusieurs nombres est premier avec leur produit.*

Soit a premier avec b, avec c, avec d, avec e, avec etc., alors a est premier avec le produit $bcde.....$ Car le produit $bcde .....$ contient tous les facteurs premiers des nombres b, c, d, e, etc., et n'en contient pas d'autres ; or a ne contient aucun facteur premier des nombres $b, c, d, e, ...$; donc a n'a aucun facteur premier commun avec le produit $bcde...$; donc a est premier avec le produit.

21. *Tout nombre premier avec un autre est premier avec les puissances de cet autre.*

Car les puissances d'un nombre sont des produits dont les facteurs sont tous égaux à ce nombre ; alors tout nombre premier avec un autre est premier avec les facteurs des produits qui sont les puissances de cet autre ; donc il est premier avec les puissances de cet autre.

22. *Tout nombre premier avec un produit est premier avec chacun des nombres composant le produit.*

Soit a un nombre premier avec le produit $bcde.....$, a doit être premier avec b, avec c, avec d, avec e, avec etc....;

car le produit $bcde\ldots$ contient tous les facteurs premiers dont les nombres $b, c, d, e, \ldots$ sont formés et n'en contient pas d'autres; or a étant premier avec le produit $bcde\ldots$ n'a aucun des facteurs premiers de ce produit; il n'a donc aucun facteur premier de b, aucun de c, etc.; donc il est premier avec b, avec c, avec d, avec *etc.*

23. *Quand deux produits sont tels que les nombres qui forment l'un sont premiers avec les nombres qui forment l'autre, les deux produits sont premiers entre eux.*

Soient les deux produits $abcde$ et $mnpqrs$, tels que les nombres a, b, c, d, e soient premiers avec les nombres m, n, p, q, r, s; ces deux produits sont premiers entre eux. Car le nombre a étant premier avec m, avec n, avec p, avec *etc.*, n'a aucun des facteurs premiers qui forment les nombres m, n, p, etc., de même pour b, pour c, pour d, pour e; alors le produit $abcde$, qui n'a pas d'autres facteurs premiers que ceux qui entrent dans les nombres a, b, c, d, e, ne renferme aucun des facteurs premiers du produit $mnpqrs$ qui n'en contient point de différents de ceux qui composent les nombres m, n, p, etc.; donc ces deux produits sont premiers entre eux.

Il en résulte que les puissances de deux nombres premiers entre eux sont des nombres premiers entre eux.

Réciproquement, *quand deux produits sont premiers entre eux, les nombres qui forment l'un sont premiers avec les nombres qui forment l'autre.*

Les deux produits étant premiers entre eux n'ont pas de facteurs premiers communs, et comme ils n'ont pas d'autres facteurs premiers que ceux qui forment les nombres dont ils sont les produits, il s'ensuit que les nombres qui composent l'un des deux produits n'ont pas de facteurs premiers communs avec les nombres qui composent le second produit; donc les nombres de l'un sont premiers avec les nombres de l'autre.

Il en résulte que lorsque deux puissances sont des nombres premiers entre eux, les nombres dont ils sont les puissances sont aussi des nombres premiers entre eux.

Puisque les deux puissances sont deux produits et que ces deux produits sont donnés premiers entre eux, les deux nombres sont aussi premiers entre eux.

24. *Quand un nombre est divisible par des nombres premiers entre eux deux à deux, il est divisible par leur produit.*

Soit N un nombre divisible par les nombres a, b, c, d, e premiers entre eux deux à deux, il faut prouver que N est divisible par le produit $abcde$. En effet, a étant premier avec b, avec c, avec d, avec e, n'a aucun des facteurs de ces nombres, et comme il est diviseur de N, tous ses facteurs premiers sont dans N. Le produit $abcde$ contient aussi tous les facteurs premiers de a avec des exposants qui ne sont pas plus grands que ceux qu'ils ont dans a; donc N contient les facteurs premiers de a avec des exposants qui ne sont pas plus petits que ceux qu'ils ont dans le produit $abcde$. De même le nombre N contient les facteurs premiers des autres nombres b, c, d, e avec des exposants qui ne sont pas plus petits que ceux qu'ils ont dans le produit $abcde$, donc N contient tous les facteurs premiers du produit $abcde$ avec des exposants au moins égaux à ceux qu'ils ont dans ce produit; donc N est divisible par le produit $abcde$.

25. Remarque. — *Puisque, pour avoir le produit de deux sommes, il suffit de faire la somme des produits obtenus en multipliant tous les nombres de la première somme successivement par chaque nombre de la seconde somme, il en résulte que le produit de plusieurs sommes se compose d'autant de produits partiels qu'il y a d'unités dans le produit des nombres indiquant combien les sommes proposées contiennent chacune de nombres.* Parmi tous ces produits partiels, un seul (celui qui est le produit des derniers nombres de toutes les sommes) ne contient aucun des nombres qui précèdent ces derniers nombres. En sorte que si dans toutes ces sommes les nombres qui les composent étaient, à l'exception des derniers, multiples d'un même nombre a, toutes les parties du produit de ces sommes seraient multiples du même nombre a, le produit des derniers nombres des sommes excepté. Donc ce produit doit être composé d'un multiple de α et du produit des derniers nombres des sommes. Ainsi

$$a_1 = m_1\alpha + r, \quad a_2 = m_2\alpha + r_2, \quad a_3 = m_3\alpha + r_3,$$
$$a_4 = m_4\alpha + r_4, \text{ etc.}, \ldots\ldots$$

le produit $\quad a_1 a_2 a_3 a_4 \ldots\ldots = M\alpha + r_1 r_2 r_3 r_4 \ldots\ldots$

26. *Lorsqu'un nombre premier n'est pas diviseur d'un nombre donné, ce nombre premier est diviseur du nombre obtenu en retranchant 1 à la puissance du nombre donné indiquée par le nombre qui a une unité de moins que le nombre premier.* (Cette proposition est connue sous le nom de *théorème de Fermat.*)

Soit p un nombre premier qui n'est pas diviseur du nombre a, il faut démontrer que p est diviseur de $(a^{p-1} - 1)$.

En divisant par p chacun des $(p-1)$ premiers multiples du nombre a, on obtient $(p-1)$ restes tous différents de zéro, puisque le nombre premier p n'est pas diviseur de a et est plus grand que chacun des $(p-1)$ premiers nombres entiers. De plus, ces restes sont tous différents entre eux; car si deux des restes étaient égaux, la différence des deux multiples de a, qui donnent ces restes, serait divisible par p, il y aurait donc un des $(p-1)$ premiers multiples de a qui aurait p pour diviseur, ce qui est impossible; donc tous les restes sont différents. Les restes sont donc, quel que soit l'ordre, les nombres consécutifs $1, 2, 3, \ldots\ldots (p-1)$. Puisque chacun des $(p-1)$ premiers multiples de a se compose de deux nombres, dont l'un admet p comme diviseur, et l'autre est un des restes $1, 2, 3, \ldots\ldots (p-1)$, le produit des $(p-1)$ premiers multiples de a, c'est-à-dire $a^{p-1}.1.2.3.\ldots\ldots (p-1)$ se compose d'un nombre qui admet p comme diviseur et du produit de tous les restes; ainsi

$$a^{p-1}.1.2.3.\ldots\ldots (p-1) = m.p + 1.2.3.\ldots\ldots(p-1);$$

donc $m.p = 1.2.3.\ldots\ldots (p-1)[a^{p-1} - 1]$; donc p est diviseur de $a^{p-1} - 1$.

27. *Le produit des nombres entiers consécutifs depuis 2 jusqu'au nombre obtenu en retranchant 2 d'un nombre premier plus grand que 2, est un multiple de ce nombre premier augmenté d'une unité.*

Soit p le nombre premier plus grand que 2, le produit $2 \times 3 \times 4 \times \ldots (p-2)$ a un nombre pair de facteurs (un nombre pair est un nombre divisible par 2; un nombre premier p plus grand que 2 n'est jamais divisible par 2). Les facteurs de ce produit se groupent deux à deux de telle manière que le produit des deux nombres de chaque groupe vaut un multiple de p augmenté d'une unité. Car soit a un des facteurs de ce produit; en divisant les $(p-1)$ premiers multiples de a chacun par p, on trouve $(p-1)$ restes différents de zéro et différents entre eux. *Un seul de ces restes vaut* 1. Ainsi, entre $1 \times a$ et $(p-1) . a$, il y a un multiple de a qui ne peut être que le produit de deux facteurs du produit proposé et qui est un multiple de p augmenté d'une unité. Ce multiple de a n'est ni $1 \times a$, puisqu'en divisant par p on aura zéro au quotient et a pour reste; ni $(p-1) . a$ ou $p(a-1)+(p-a)$, puisqu'en divisant par p on a pour quotient $a-1$ et pour reste $p-a$ plus grand que 1; ni $a \times a$, parce que si en divisant par p il restait 1, $a \times a - 1$ ou $a \times (a-1)+a-1$ ou $(a+1)(a-1)$ serait divisible par p, ce qui est impossible, puisque chaque facteur de ce produit est plus petit que p; donc a étant un des facteurs du produit proposé, il y a parmi ces facteurs un nombre a' différent de a et tel que le produit $aa'=mp+1$. Abstraction faite des facteurs a et a', pour un facteur b du produit proposé on trouve parmi les facteurs un nombre b' différent de b, différent de a et différent de a' tel que le produit bb' est égal à $m_1 p + 1$; b' est différent de b; on le prouve comme pour a' est différent de a; b' est différent de a, car si $ba = n . p + 1$, comme on a $aa' = mp + 1$, on aurait $ba - aa' = (n-m)p$ ou $a(b-a')$ divisible par p, et chaque facteur est moindre que p; ainsi b' est différent de a, de même il est différent de a'. On prouverait de même que pour un facteur c on trouverait un autre facteur c' différent de a, de a', de b, de b', de c, tel que $cc' = m_2 p + 1$, ainsi de suite; donc

$$2\times3\times4\times\ldots(p-2)=(mp+1)(m_1p+1)(m_2p+1)\ldots(m_kp+1)$$
$$=Mp+1.$$

28. *Tout nombre premier est diviseur du nombre que l'on obtient en augmentant d'une unité le produit de tous les nombres entiers qui précèdent ce nombre premier.* (Cette proposition est connue sous le nom de *théorème de Wilson.*)

Soit p un nombre premier, il faut prouver qu'il est diviseur de $1\times2\times3\ldots(p-1)+1$. Ce principe se vérifie immédiatement pour le nombre premier 2. Soit donc p plus grand que 2, et par suite non divisible par 2. D'après la proposition précédente, le produit de tous les nombres depuis 2 jusqu'à $p-2$ se compose d'un multiple de p plus 1, c'est-à-dire égale $mp+1$. En multipliant par p et retranchant du produit une fois $mp+1$, on obtient le nombre qui est le produit de $mp+1$ par $(p-1)$, on a $(mp+1)p-mp-1$; en ajoutant 1, on a la différence de deux multiples de p, $(mp+1)p-mp$; donc le nombre obtenu en augmentant d'une unité le produit de tous les nombres inférieurs à p est divisible par p.

$$1\times2\times3\ldots\ldots(p-2)(p-1)+1=kp.$$

Réciproquement, *un nombre entier est premier lorsqu'il est diviseur du nombre obtenu en ajoutant 1 au produit de tous les nombres entiers qui le précèdent.*

Soit p diviseur de $1\times2\times3\ldots(p-1)+1$, tout diviseur de p est aussi diviseur de son multiple $kp=1\times2\times3\times\ldots(p-1)+1$; mais comme chaque diviseur de p, plus petit que p, est un des facteurs du produit $1\times2\times3\ldots(p-1)$, il est en même temps diviseur du nombre kp et du produit $1\times2\times3\ldots(p-1)$, par conséquent diviseur de leur différence 1, donc le nombre p n'a pour diviseur plus petit que p, que le nombre 1 ; donc il est premier.

CARACTÈRES DE DIVISIBILITÉ.

Il est souvent utile de savoir reconnaître si un nombre donné est exactement divisible par un autre nombre donné, sans avoir besoin de connaître le quotient. En effectuant la division, on a un moyen certain de le savoir ; mais quelques nombres se prêtent à certains procédés plus simples que la division ordinaire. Ces procédés consistent à vérifier si le nombre proposé remplit certaines conditions pour qu'il soit divisible par le nombre donné. Ces conditions forment le caractère de divisibilité du nombre donné.

29. 1° *Dans tout système de numération, un nombre terminé par un ou plusieurs zéros est divisible par la base du système.*

Cette proposition est évidente.

2° *Dans tout système de numération, un nombre qui n'est pas terminé par un zéro n'est pas divisible par la base du système.*

Si ce nombre n'a qu'un chiffre, c'est évident, puisque ce nombre est plus petit que la base ; s'il a plus d'un chiffre, il se compose de deux nombres, du nombre exprimé par le premier chiffre à droite et d'un nombre terminé par un zéro. Le premier n'est pas divisible par la base, le second au contraire ; donc le nombre proposé n'est pas divisible par la base.

3° *Un nombre n'est divisible par un des facteurs premiers de la base que lorsque le chiffre des unités simples est divisible par ce facteur.*

Quand le nombre proposé n'a qu'un chiffre, c'est évident. Quand il a plus d'un chiffre, il se compose du nombre exprimé par le chiffre des unités simples et d'un nombre terminé par un zéro. Ce second nombre étant divisible par la base, est aussi divisible par chaque facteur premier de la base ; donc si le premier nombre, qui n'a que le chiffre des unités simples, est divisible par un facteur premier de la base, le nombre proposé est aussi divisible par le même facteur ; et si ce premier nombre n'est pas divisible par un facteur premier de la base, le nombre proposé est dans le même cas; donc etc.

REMARQUE. — *Dans le système décimal pour savoir si un nombre est divisible par 2 ou par 5, il faut examiner si le chiffre des unités simples est divisible par 2 ou par 5. Les chiffres divisibles par 2 sont 2, 4, 6, 8; ces chiffres sont dits pairs, les autres sont dits impairs. En général, un nombre est dit pair ou impair, selon qu'il est ou qu'il n'est pas divisible par 2.*

Dans le système décimal, il n'y a que le chiffre 5 qui admette le nombre premier 5 comme diviseur.

4° *Un nombre n'est divisible par la $n^{ème}$ puissance d'un facteur premier de la base que lorsque le nombre exprimé par les n premiers chiffres à droite est divisible par la $n^{ème}$ puissance de ce facteur.*

Lorsque le nombre proposé n'a pas plus de n chiffres, la proposition est évidente. Mais lorsqu'il a plus de n chiffres, il se compose de deux parties, l'une composée des n premiers chiffres à droite, l'autre est un nombre qui a n zéros à sa droite : cette seconde partie est évidemment divisible par la $n^{ème}$ puissance de la base, par suite par la $n^{ème}$ puissance de de chaque facteur premier de la base; donc si la première partie, composée des n premiers chiffres à droite, admet comme diviseur la $n^{ème}$ puissance d'un facteur de la base, le nombre proposé admet le même diviseur. Si cette première partie n'admet pas comme diviseur la $n^{ème}$ puissance d'un facteur premier de la base, le nombre proposé ne l'admet pas non plus.

REMARQUE. — *Dans le système décimal, un nombre est ou n'est pas divisible par 4, 8, 16, 32, etc.... ou par 25, 125, 625, etc...., selon que le nombre composé des deux premiers, ou des trois premiers, ou des quatre premiers, ou etc.... chiffres à droite, est divisible par 4, ou 8, ou 16, ou etc .., ou par 25, ou 125, ou 625, ou etc.....*

50. *Dans tout système de numération, un nombre entier quelconque se compose d'un multiple du plus grand nombre d'un* *seul chiffre et de la somme des chiffres avec lesquels il est écrit.*

En effet, une unité de rang quelconque se compose d'une unité simple et d'un nombre écrit avec autant de chiffres égaux au plus grand nombre d'un seul chiffre qu'il y a de zéros dans l'écriture de cette unité de rang quelconque; donc une unité de rang quelconque se compose d'un multiple du plus grand nombre d'un seul chiffre et d'une unité simple. Par suite, la valeur relative d'un chiffre de rang quelconque se compose d'autant de multiples du plus grand nombre d'un seul chiffre qu'il y a d'unités exprimées par ce chiffre de rang quelconque et de la valeur absolue de ce chiffre; par conséquent, le nombre proposé se compose d'autant de multiples du plus grand nombre d'un seul chiffre qu'il y a d'unités exprimées par tous les chiffres du nombre et de la somme des valeurs absolues de ces chiffres, c'est-à-dire d'un multiple du plus grand nombre d'un seul chiffre et de la somme des chiffres du nombre proposé.

Il en résulte qu'un nombre n'est divisible par le plus grand nombre d'un seul chiffre que lorsque le nombre résultant de la somme de ses chiffres est divisible par ce nombre.

Ce caractère de divisibilité appartient aussi à tout diviseur du plus grand nombre d'un seul chiffre.

Dans le système décimal, ce caractère appartient à 9 et à 3.

31. *1° Dans tout système de numération, un nombre entier se compose d'un multiple du plus petit des nombres supérieurs à la base et de la somme des tranches de deux chiffres en partant de la droite du nombre proposé.*

Il faut remarquer que dans tout système de numération, le plus petit des nombres supérieurs à la base s'écrit de la même manière 11, c'est-à-dire une unité du second ordre et une du premier, et si l'on multiplie ce nombre par le plus grand nombre d'un seul chiffre, on a le plus grand nombre de deux chiffres; donc le plus grand nombre de deux chiffres est un multiple du nombre 11. Alors une unité de la seconde tranche de deux chiffres, en partant de la droite, se compose d'un multiple du nombre 11 et d'une unité de la première tranche;

chaque unité de la troisième tranche se compose d'un multiple du nombre 11 et d'une unité de la seconde tranche ; mais comme cette dernière unité se compose d'un multiple du nombre 11 et d'une unité de la première tranche, il s'ensuit qu'une unité de la troisième tranche se compose d'un multiple du nombre 11 et d'une unité de la première tranche, ainsi de suite ; une unité d'une tranche de rang quelconque se compose de la même manière.

La valeur relative d'une tranche de rang quelconque se compose d'un multiple du nombre 11 et de la valeur absolue de cette tranche, puisque chaque unité relative de la tranche se compose d'un multiple du nombre 11 et d'une unité de la première tranche.

Le nombre proposé se compose donc d'autant de multiples du nombre 11 qu'il y a de tranches binaires (la dernière à gauche pouvant n'avoir qu'un chiffre) et de la somme des tranches. Donc etc.

Donc un nombre ne peut être divisible par le plus petit des nombres supérieurs à la base que lorsque la somme des tranches binaires est divisible par ce nombre.

2° Ce caractère appartient aussi à tout sous-multiple du plus petit des nombres supérieurs à la base, et à tous les diviseurs du plus grand nombre de deux chiffres.

Dans le système décimal le plus petit des nombres plus grands que la base dix, c'est le nombre 11. Ce nombre étant un nombre premier n'a pas de sous-multiple plus grand que 1. Les autres diviseurs de 99, sont 3, 9 et 33.

Dans l'application on ramène toujours la vérification sur un nombre qui n'a pas plus de deux chiffres. Car soit le nombre 37.56.83.27.54 , il faut s'assurer si la somme des tranches binaires 2.57 est divisible par le nombre 11 ; pour cela il suffit de vérifier si la somme des tranches binaires 59 est divisible par le nombre 11. Si cette dernière somme avait encore plus de deux chiffres, on lui appliquerait le principe, et on continuerait jusqu'à une somme n'ayant pas plus de deux chiffres.

3° Pour le plus petit des nombres supérieurs a la base, il y a un autre caractère de divisibilité moins simple que celui exposé précédemment et qui cependant est indiqué seul dans presque tous les ouvrages.

Dans tout système de numération, un nombre entier se compose d'un multiple du plus petit des nombres supérieurs à la base augmenté de la somme des chiffres de rang impair à partir de la droite et le résultat diminué de la somme des chiffres de rang pair.

Pour le démontrer, il faut remarquer que,

1° Le plus grand nombre de deux chiffres est divisible par le nombre 11.

2° Le plus grand nombre de $2n$ chiffres est divisible par le nombre 11, car il se sépare en n tranches de deux chiffres et chaque tranche est égale au plus grand nombre de deux chiffres.

3° Une unité de rang impair se compose d'un multiple du nombre 11 et d'une unité du premier ordre. Car en ôtant une unité simple à cette unité de rang impair, il reste un nombre qui a un nombre pair de chiffres, et c'est le plus grand des nombres qui ont ce nombre pair de chiffres.

4° La valeur relative d'un chiffre de rang impair se compose d'autant de multiples du nombre 11 qu'il y a d'unités dans la valeur absolue du chiffre et d'autant d'unités simples; donc elle vaut un multiple du nombre 11 augmenté de la valeur absolue du chiffre.

5° Une unité de rang pair vaut un multiple du nombre 11 diminué d'une unité du premier ordre ; car une unité de rang pair vaut autant d'unités du rang impair immédiatement inférieur qu'il y a d'unités simples dans la base, et une unité de rang impair vaut un multiple du nombre 11 augmenté d'une unité du premier ordre, donc une unité de rang pair vaut une réunion de multiples du nombre 11 augmentée de la base; il ne lui manque donc qu'une unité du premier ordre pour être un multiple du nombre 11.

6° La valeur relative d'un chiffre de rang pair se compose d'un multiple du nombre 11 diminué de la valeur absolue du chiffre, puisque chaque unité relative de ce chiffre se compose d'un multiple du nombre 11 diminué d'une unité du premier ordre.

Donc un nombre se compose d'autant de multiples du nombre 11 qu'il y a de chiffres significatifs à partir du second chiffre à droite, de la somme des chiffres de rang impair et ce résultat diminué de la somme des chiffres de rang pair ; donc etc.

On peut dire aussi que le nombre se compose d'un multiple du nombre 11 plus ou moins la différence entre la somme des chiffres de rang impair et la somme des autres chiffres, selon que la première somme est plus grande ou plus petite que la seconde.

4° Donc dans tout système de numération un nombre n'est divisible par le plus petit des nombres supérieurs à la base que lorsque la différence entre les deux sommes des chiffres de rang impair et des chiffres de rang pair est zéro ou un multiple du plus petit des nombres supérieurs à la base.

Ainsi dans le système décimal pour savoir si un nombre est divisible par 11, il faudra faire les deux sommes, retrancher la plus petite de la plus grande et vérifier si le reste est ou n'est pas divisible par 11. Mais en ayant soin de retrancher onze au fur et à mesure, qu'en faisant la somme des chiffres, on dépasse ce nombre ; on arrivera toujours à prendre la différence de deux nombres plus petits que onze. Si ces deux nombres sont égaux, c'est une preuve que le nombre proposé est divisible par 11 ; s'ils ne sont pas égaux, le nombre proposé n'est pas divisible par 11.

32. *Pour avoir le caractère de divisibilité d'un nombre premier qui ne divise pas la base du système de numération, il faut chercher la plus petite puissance de la base qui, divisée par ce nombre premier, donne 1 pour reste.*

Le degré de la puissance indique combien on doit prendre de chiffres dans les différents groupes que l'on forme en partant de la droite du nombre proposé, pour savoir s'il est divisible par le nombre premier.

Le nombre proposé n'est divisible par le nombre premier que lorsque la somme des tranches est elle-même divisible par ce nombre premier.

Car la valeur relative d'une unité de chaque tranche à partir de la seconde étant composée d'un multiple du nombre premier et d'une unité du premier ordre, la valeur relative de chaque tranche se compose d'autant de multiples du nombre premier et d'autant d'unités du premier ordre qu'il y a d'unités dans la tranche; par conséquent elle se compose d'un multiple du nombre premier et de la valeur absolue de la tranche; donc le nombre proposé se compose d'un multiple du nombre premier et de la somme des valeurs absolues des tranches; donc le nombre proposé n'est divisible, etc., etc.

33. 1° *Il y a toujours une puissance de la base qui, divisée par un nombre premier non diviseur de cette base, donne 1 pour reste.* Le théorème de Fermat le démontre; mais on peut le démontrer sans recourir à ce théorème.

Aucune puissance de la base n'est divisible par le nombre premier qui n'est pas diviseur de la base; alors les $(p-1)$ premières puissances au plus donnent des restes différents, puisque chaque reste doit être plus petit que le nombre premier p. Les puissances suivantes doivent donc donner les mêmes restes que les $(p-1)$ premières. Soit 10^k une puissance de la base (*dans chaque système la base s'écrit avec le chiffre* 1 *suivi d'un zéro*) qui donne le même reste que 10^a, a étant plus petit que p. Alors $10^k - 10^a$ est divisible par le nombre premier; mais $10^k - 10^a$ vaut $10^a(10^r-1)$, r est l'excès de k sur a; comme le nombre premier n'est pas diviseur de 10^a, il doit être diviseur de $10^r - 1$; donc la $r^{ème}$ puissance de la base divisée par le nombre premier donne 1 pour reste.

2° Il est facile de comprendre qu'il y a une infinité de puissances de la base qui, divisées par le même nombre premier, donnent 1 pour reste. *Si la* $r^{ème}$ *donne ce reste, chaque fois qu'on augmentera de r l'esposant, on aura une puissance qui donnera le même reste.*

Car 10^{rm} est le produit de m facteurs égaux à 10^r. Puisque chaque facteur se compose d'un multiple du nombre premier p et de 1, le produit 10^{rm} se compose d'une somme de multiples de p et du produit des restes égaux à 1, donc 10^{rm} vaut un multiple de p augmenté de 1.

3° *Toute puissance de la base dont l'exposant n'est pas un multiple de celui de la plus petite puissance qui, divisée par un nombre premier, donne 1 pour reste, étant divisée par le même nombre premier donne un reste différent de 1.*

Soit r l'exposant de la plus petite puissance de la base qui, divisée par le nombre premier p, donne 1 pour reste; soit k un nombre entier compris entre deux multiples consécutifs nr et $(n+1)r$ de r, si la $k^{ième}$ puissance de la base divisée par p donne 1 pour reste, il faut que la différence entre 10^k et 10^{nr} soit divisible par p. Or cette différence est le produit de $10^{nr}(10^{k-nr}-1)$, il faut donc que $10^{k-nr}-1$ soit divisible par p; mais $k-nr$ est moindre que r puisque k est plus petit que $(n+1)r$; il y aurait donc une puissance de la base inférieure à la $r^{ème}$ qui, divisée par p, donnerait 1 pour reste. Donc les seules puissances de la base qui, divisées par le même nombre premier, donnent le même reste 1, sont celles dont les exposants sont les multiples de r.

Pour avoir la plus petite puissance de la base qui, divisée par un nombre premier non diviseur de la base, donne pour reste 1, il faut diviser les puissances successives en commençant par la première. Souvent il faut pousser le calcul jusqu'à la puissance dont l'exposant a une unité de moins que le nombre proposé, comme pour 7, pour 17, etc., dans le système décimal. Mais quelquefois il ne faut pas aller si loin, comme pour 13 dans le système décimal, on trouve le reste 1 avec la 6ième puissance de la base; pour 37 on trouve le reste 1 avec la troisième puissance.

34. *Lorsque la plus petite puissance de la base qui, divisée par un nombre premier non diviseur de la base, donne 1 pour reste, est un nombre pair, la puissance de la base dont l'exposant est la moitié de ce nombre pair augmentée d'une unité donne un multiple du nombre premier.*

Soit $2n$ l'exposant de la plus petite puissance de la base qui, divisée par p, donne le reste 1. Alors $10^{2n}-1$ est divisible par p. En effet, comme en ajoutant 10^n et retranchant le même nombre 10^n on ne change pas la valeur, on a

$$10^{2n}-1 = 10^{2n}-10^n+10^n-1,$$

ou bien

$$10^n(10^n-1)+(10^n-1), \quad \text{ou encore} \quad (10^n-1)(10^n+1).$$

Ce produit admettant le diviseur premier p, un des deux facteurs doit l'admettre, et comme 10^n-1 n'est pas divisible par p, il faut que 10^n+1 soit divisible par p.

Alors les puissances de la base dont les exposants augmentent de l'un à l'autre de n *, sont alternativement des multiples de* p *diminués ou augmentés de* 1. Ainsi puisque $10^n=mp-1$ en multipliant par 10^n on trouve

$$10^{2n} = mp.10^n-10^n = mp.10^n-mp+1 = m'p+1;$$

en multipliant encore chaque membre par 10^n, on a

$$10^{3n} = m'p.10^n+10^n = m'p.10^n+mp-1 = m''p-1;$$

ainsi de suite. Quand l'exposant sera un multiple impair de n, le multiple de p sera diminué d'une unité, et quand l'exposant sera un multiple pair de n, le multiple de p sera augmenté d'une unité.

35. Dans ce cas, on peut avoir pour le nombre premier un caractère de divisibilité différent de celui indiqué plus haut.

On sépare alors le nombre, en partant de la droite, en tranches contenant autant de chiffres qu'il y a d'unités dans la moitié de l'exposant de la plus petite puissance de la base qui, divisée par le nombre premier, donne 1 pour reste, et on trouve que le nombre proposé se compose d'un multiple du nombre premier augmenté de la somme des tranches de rang impair et le résultat diminué de la somme des tranches de rang pair. Donc, dans ce cas, pour que le nombre soit divisible par le nombre premier, il faut que la différence entre les deux sommes de tranches soit divisible par le nombre premier.

Dans le système décimal on trouve ce dernier caractère pour les nombres 7 et 13. Pour le nombre 37, il faut que la somme des tranches de trois chiffres soit divisible par 37.

Toutes ces règles pour reconnaître la divisibilité d'un nombre par un nombre premier plus grand que le plus grand facteur premier de la base, dans le système décimal plus grand que 5, ne sont pas plus simples que la division effectuée. Il faut donc regarder tous ces caractères comme plus curieux qu'utiles.

RECHERCHE DES FACTEURS PREMIERS D'UN NOMBRE COMPOSÉ.

36. Il est quelquefois utile de décomposer un nombre donné en ses facteurs premiers. Cette décomposition obtenue, il est alors très-facile de reconnaître la divisibilité du nombre par un nombre premier; car le nombre donné n'étant décomposable qu'en un seul système de facteurs premiers, ce nombre ne peut être divisible par le nombre premier donné que lorsque ce nombre premier est un des facteurs premiers du nombre proposé.

Décomposer un nombre donné en ses facteurs premiers.

On divise le nombre proposé successivement par les nombres premiers pris par ordre de grandeur. Si l'on arrive à un quotient plus petit que le nombre premier essayé comme diviseur, sans avoir trouvé un quotient exact, c'est une preuve que le nombre proposé est premier. Dans le cas contraire, le diviseur essayé qui donne un quotient exact est un facteur premier du nombre proposé. Alors on divise le quotient trouvé par le même diviseur; si le reste est zéro, on divise le second quotient par le même diviseur, puis le troisième, ainsi de suite jusqu'à un quotient qui ne soit pas divisible par

le même nombre. On opère sur le dernier quotient comme
sur le nombre proposé, en n'essayant, par ordre de grandeur,
sa divisibilité que par les nombres premiers plus grands que
le dernier qui s'est trouvé diviseur exact; car il ne saurait être
divisible par un nombre premier plus petit. On continue ainsi
jusqu'à ce qu'on parvienne à un diviseur premier qui donne
un quotient correspondant moindre que lui. Le dividende
qui fournit ce quotient est un nombre premier. Cela fait, le
nombre proposé est égal au produit de ce dividende (nombre
premier) par tous les nombres essayés et trouvés diviseurs
exacts.

Soit proposé de décomposer 8403696 en ses facteurs premiers.

Disposition du calcul.

8403696	2
4201848	2
2100924	2
1050462	2
525231	3
175077	3
58359	3
19453	7
2779	7
397	397
1	

Ce nombre étant divisible par 2, on fait la division et on
place le quotient 4201848 sous le nombre; on divise ce quotient par 2, le second quotient 2100924 encore par 2, le troisième 1050462 encore par 2, mais le quatrième 525231 n'est
plus divisible par 2; ce que l'on reconnaît facilement sans
faire la division. Mais ce quatrième quotient est divisible par
3; on le reconnaît en faisant la somme des chiffres, et retranchant 3 au fur et à mesure que l'on dépasse 3, on arrive ainsi
à avoir zéro à la fin; c'est une preuve que le nombre est di-

visible par 3. On trouve pour cinquième quotient 175077 qui est encore divisible par 3; le sixième quotient 58359 est encore divisible par 3; le septième quotient 19453 n'est plus divisible par 3. Sans faire la division, on reconnaît qu'il n'est pas divisible par 5. Alors on essaye la division par 7; elle réussit. Le huitième quotient est 2779, qui, divisé par 7, donne le quotient exact 397. Ce neuvième quotient, divisé successivement par les nombres premiers 11, 13, 17, 19, 23, ne donne pas zéro pour reste, mais la dernière division donne un quotient plus petit que 23; donc 397 est un nombre premier. Les facteurs premiers du nombre proposé sont donc 2, 3, 7, 397. Le premier, 2, y entre quatre fois, le second trois fois, le troisième deux fois et le quatrième une fois. Le nombre proposé est donc égal au produit $2^4 \times 3^3 \times 7^2 \times 397$.

En effet, le nombre proposé est le produit du premier quotient par 2; mais le premier quotient est le produit du second par 2, alors le nombre proposé est le produit du deuxième quotient, d'abord par 2, et le résultat par 2. Mais le deuxième quotient est le produit du troisième par le nombre 2; alors le nombre proposé est le produit du troisième quotient par 2, le résultat multiplié par 2, et le second résultat multiplié par 2. Mais le troisième quotient est le produit du quatrième..., ainsi de suite.

37. *Un nombre qui n'est pas premier est diviseur d'un nombre proposé, quand décomposé en facteurs premiers entre eux deux à deux chaque facteur est diviseur du nombre proposé.*

Ainsi un nombre est divisible par 6 quand il est pair et qu'il est divisible par 3. Il est divisible par 12 quand il est divisible par 3 et par 4; il est divisible par 21 quand il est divisible par 3 et par 7; ainsi de suite.

Il faut remarquer que les caractères de divisibilité par les nombres compris entre 1 et 14 suffisent pour faire reconnaître quand un nombre est divisible par presque tous les nombres de deux chiffres.

58. En déterminant tous les diviseurs du nombre, il sera facile après de reconnaître s'il est divisible par un nombre donné.

Règle. — Pour trouver tous les diviseurs d'un nombre, il faut d'abord le décomposer en ses facteurs premiers. Pour chaque nombre premier obtenu on trouve un exposant; la puissance du facteur premier indiquée par cet exposant est un diviseur du nombre, et chaque puissance du même facteur premier inférieure est aussi un diviseur du nombre proposé. On multiplie toutes les puissances du plus petit facteur successivement par chacune des puissances du second; on multiplie encore les puissances du premier, celles du second et les produits obtenus, successivement par les puissances du troisième facteur premier, par ordre de grandeur. On multiplie encore toutes les puissances des trois premiers facteurs, les premiers produits obtenus ainsi que les derniers, successivement par les puissances du quatrième facteur premier; ainsi de suite. Les différentes puissances des facteurs premiers et les produits deux à deux, trois à trois, etc..., ainsi formés, font connaître tous les diviseurs du nombre proposé.

Afin de n'omettre aucun diviseur, on donne à cette opération une disposition régulière, indiquée ci-dessous :

Tableau des diviseurs.

		1
8403696	2	2
4201848	2	4
2100924	2	8
1050462	2	16
525231	3	3..6..12..24..48
175077	3	9..18..36..72..144
58359	3	27..54..108..216..432
19453	7	7..14..28..56..112..21..42..64..168..296.. 63..126..256..512..1024..189..378..766.. 1512..3024
2770	7	49..98..196..392..784..147..294..588..1476.. 2072..441..882..1792..3591..7168..1323.. 2646..5292..10584..21468
397	397	397
1		

Pour achever ce tableau, il suffirait de multiplier les nombres qui précèdent 397 par 397.

Ce tableau renferme évidemment tous les diviseurs de 8403696; car pour que ce nombre soit divisible par un autre, il faut qu'il renferme tous les facteurs premiers de cet autre avec des exposants au moins égaux à ceux qu'ils ont dans cet autre; il faut donc que cet autre nombre n'ait pas d'autres facteurs premiers que 2, 3, 7, 397, et que 2 n'ait pas un exposant plus grand que 4, 3 un exposant plus grand que 3, et 7 un exposant plus grand que 2. Or, dans ce tableau il y a tous les produits que l'on peut former avec les quatre premières puissances de 2, avec les trois premières puissances de 3, avec les deux premières puissances de 7 et avec la première puissance de 397; donc ce tableau renferme tous les diviseurs du nombre proposé.

On voit par ce qui précède que la recherche de tous les diviseurs d'un nombre, quand ce nombre est considérable, est une opération minutieuse et assez laborieuse. Si elle ne devait servir qu'à faire connaître si un nombre est diviseur d'un autre, on pourrait la remplacer par une autre moins longue; mais elle a une autre utilité, c'est pourquoi il faut se familiariser avec cette opération.

Remarque. — Pour reconnaître si un nombre est divisible par un autre, on peut aussi les décomposer l'un et l'autre en leurs facteurs premiers, et si celui qui est désigné comme devant être divisible contient tous les facteurs premiers du second avec des exposants qui ne sont pas inférieurs à ceux que l'on trouve dans cet autre, on est sûr que le nombre est divisible; dans le cas contraire la divisibilité n'a pas lieu.

39. *Le nombre total des diviseurs d'un nombre, y compris l'unité et le nombre lui-même, est égal au produit qu'on obtient en multipliant entre eux les nombres formés en augmentant d'une unité les exposants des différents facteurs premiers qui entrent dans la composition des nombres.*

Supposons que les facteurs premiers trouvés soient au nombre de trois et que les exposants respectifs soient k, m, n.

D'abord le nombre 1 et les k premières puissances du premier facteur, par ordre de grandeur, donnent $(k+1)$ diviseurs du nombre proposé. En multipliant ces $(k+1)$ diviseurs, 1° par la première puissance du second facteur premier, puis par la deuxième, puis par la troisième, ainsi de suite jusqu'à la $m^{ème}$, on a chaque fois $(k+1)$ diviseurs nouveaux ; donc en tout une fois et m fois $(k+1)$ diviseurs ou $(k+1)(m+1)$ pour le nombre total des diviseurs composés avec les deux premiers facteurs en y comprenant 1. En multipliant tous ces diviseurs successivement par chacune des n premières puissances du troisième facteur premier, on obtient avec chaque puissance $(k+1)(m+1)$ diviseurs ; on a donc en tout une fois et n fois $(k+1)(m+1)$ diviseurs ou $(k+1)(m+1)(n+1)$.

Remarque. — Quand on sera obligé de chercher tous les diviseurs d'un nombre, on pourra reconnaître, avec cette formule, si des omissions ont été faites.

Il est évident que la seconde puissance (ou carré) *d'un nombre contient les facteurs premiers de ce nombre avec des exposants doubles de ceux avec lesquels ils entrent dans ce nombre.* Donc, d'après la formule, lorsqu'un nombre est le carré d'un autre, il a un nombre impair de diviseurs, et quand il n'est pas le carré d'un autre, il a un nombre pair de diviseurs. Les réciproques sont vraies.

On démontre ces propositions sans la décomposition, c'est-à-dire sans la formule ci-dessus, en remarquant qu'à chaque diviseur dont le carré est plus petit que le nombre proposé correspond un diviseur dont le carré est plus grand, il y a donc autant des uns que des autres, ce qui fournit déjà un nombre pair de diviseurs dont les carrés sont différents du nombre proposé. Si ce nombre proposé a un diviseur dont le carré lui est égal, c'est-à-dire si le nombre proposé est un carré, il a un nombre impair de diviseurs, et s'il n'est pas le carré d'un autre nombre, il a un nombre pair de diviseurs.

RECHERCHE DU PLUS PETIT MULTIPLE COMMUN ET DU PLUS GRAND COMMUN DIVISEUR DE PLUSIEURS NOMBRES.

40. Comme on le verra plus tard, il est quelquefois utile de savoir trouver le plus petit multiple commun de plusieurs nombres donnés.

RÈGLE. — *Pour avoir le plus petit multiple commun de plusieurs nombres donnés, il faut les décomposer en leurs facteurs premiers ; former un produit avec les plus hautes puissances auxquelles ces facteurs sont élevés, et le produit donne le nombre demandé.*

En effet, le produit ainsi formé renferme tous les facteurs de chacun des nombres proposés, donc il est multiple commun ; il est le plus simple possible, car tout multiple commun des nombres proposés doit renfermer les facteurs premiers qui entrent dans ces nombres et avec des exposants au moins égaux à ceux qu'ils ont dans ces nombres ; donc tout multiple commun doit renfermer tous les facteurs premiers des nombres proposés avec des exposants au moins aussi grands que ceux qu'ils ont dans les nombres où on les trouve les plus forts ; donc le produit obtenu par la règle ci-dessus donne le plus petit multiple commun.

Lorsque les nombres sont premiers entre eux deux à deux, le plus simple multiple commun est le produit des nombres proposés ; dans le cas contraire, il est plus petit que le produit des nombres proposés.

1° *Tout multiple commun de plusieurs nombres est divisible par le plus simple multiple commun.*

Car tout multiple commun devant renfermer tous les facteurs premiers des nombres proposés avec des exposants au moins égaux à ceux qu'ils ont dans ces nombres, renferme nécessairement tous les facteurs premiers du plus simple multiple commun avec des exposants égaux au moins à ceux qu'ils ont dans ce plus simple multiple commun : or pour qu'un nombre soit divisible par un autre, il faut et il suffit qu'il contienne les facteurs premiers de cet autre avec des exposants au moins égaux à ceux qu'ils ont dans cet autre ; donc tout multiple commun, etc., etc.

2° *Les quotients obtenus en divisant le plus simple multiple commun de plusieurs nombres par chacun de ces nombres sont premiers entre eux.*

Il suffit de prouver qu'aucun facteur premier n'est commun à tous ces quotients. Or, en considérant les facteurs premiers qui sont renfermés dans les nombres proposés par ordre de grandeur, le premier n'entre pas dans le quotient obtenu en divisant le plus simple multiple commun par celui des nombres proposés qui contient ce premier facteur avec l'exposant introduit dans le plus simple multiple commun; donc ce premier facteur premier n'est pas commun à tous les quotients. On démontre de même pour le second, pour le troisième, etc., pour tous les facteurs premiers. Donc les quotients sont premiers entre eux.

3° *Quand les quotients fournis par un même nombre divisé par plusieurs nombres sont premiers entre eux, ce nombre est le plus simple multiple commun des nombres par lesquels on l'a divisé.*

D'abord il est multiple commun des nombres proposés; puisqu'il est divisible par chacun d'eux. Par suite, il est le produit du plus simple multiple commun par un certain nombre, lequel n'entre comme facteur dans aucun des nombres diviseurs, puisque leurs diviseurs sont tous dans le plus simple multiple commun; donc ce certain nombre doit être facteur dans chaque quotient. Mais les quotients sont premiers entre eux; donc ce certain nombre est un; donc le nombre est le plus simple multiple commun des nombres par lesquels on l'a divisé.

41. *Pour avoir le plus grand commun diviseur de plusieurs nombres, on décompose ces nombres en leurs facteurs simples, on forme un produit avec les facteurs simples communs à tous* *les nombres proposés, chaque facteur pris avec le plus petit des exposants trouvés ; le produit ainsi formé est le plus grand commun diviseur.*

En effet, ce produit ne renfermant que les facteurs premiers communs à tous les nombres, chaque nombre contient tous les facteurs premiers de ce produit et avec des exposants au moins égaux à ceux qu'ils ont dans ce produit, puisque dans ce produit il n'y a que les plus petits exposants trouvés dans ces nombres; donc ce produit est un diviseur commun des nombres proposés. Il est le plus grand; car tout diviseur commun doit n'avoir que des facteurs simples communs à tous les nombres et avec des exposants qui ne dépassent pas les plus petits exposants trouvés pour ces facteurs premiers communs dans les nombres proposés, or le produit formé renferme tous les facteurs simples communs et avec les plus petits exposants trouvés dans les nombres proposés; donc tout diviseur commun n'a que des facteurs renfermés dans ce produit; donc ce produit est le plus grand commun diviseur des nombres proposés.

Cette seconde partie de la démonstration prouve que *tout diviseur commun de plusieurs nombres est diviseur de leur plus grand commun diviseur.*

Par conséquent *si on voulait avoir tous les diviseurs communs de plusieurs nombres, il suffirait de chercher tous les diviseurs de leur plus grand commun diviseur.*

Il est clair que *si l'on multipliait, ou si l'on divisait les nombres proposés chacun par un même nombre, ce nombre serait dans le premier cas introduit comme facteur dans le plus grand commun diviseur, et dans le second serait un facteur supprimé dans le plus grand commun diviseur.*

Donc, *quand on divise plusieurs nombres par leur plus grand commun diviseur, les quotients sont premiers entre eux.* Puisque cela revient à dire, quand on a enlevé à plusieurs nombres tous leurs facteurs communs, les nombres obtenus n'ont plus aucun facteur commun.

La réciproque est vraie.

42. On suit généralement une autre méthode pour avoir le plus grand commun diviseur de plusieurs nombres.

Elle est fondée sur le principe suivant :

Le plus grand commun diviseur de plusieurs nombres est égal au plus grand commun diviseur du plus petit des nombres donnés et des restes obtenus en divisant les autres nombres donnés par le plus petit.

En considérant les nombres par ordre de grandeur, tous ces nombres, à partir du second, se composent d'un multiple du premier (du plus petit) et d'un autre nombre nommé reste.

Ainsi, 1° chaque reste est l'excès du nombre de même rang sur le multiple du premier qu'il contient; alors chaque reste admet le diviseur qui est commun à tous les nombres pro- posés; donc les restes et le premier nombre ou le plus petit ont pour diviseurs communs tous les diviseurs communs des nombres proposés.

2° Chaque nombre, à partir du second, étant la somme d'un multiple du premier et du reste correspondant, doit admettre comme diviseur tous les diviseurs communs au plus petit et aux restes; donc les nombres proposés admettent comme di- viseurs communs tous les diviseurs communs du plus petit et des restes. Donc ces deux systèmes de nombres, les nom- bres proposés d'une part, et de l'autre le plus petit et les restes, ont les mêmes diviseurs communs. Donc le plus grand commun diviseur du premier système est aussi le plus grand commun diviseur du second.

Comme le plus petit des nombres proposés ne peut avoir un diviseur plus grand que lui-même, il est évident que le plus grand commun diviseur des nombres proposés ne peut dépasser le plus petit. Mais comme ce plus petit est un de ses diviseurs, il pourrait être le plus grand commun diviseur cherché; il suffirait de savoir qu'il est diviseur de chacun des autres nombres proposés. Pour le savoir, il faut faire les divi- sions, à l'exception des cas où le plus petit nombre serait un de ceux dont le caractère de divisibilité offrirait un procédé de calcul plus simple que la division effective. De là la règle :

Pour avoir le plus grand commun diviseur de plusieurs nombres, il faut les diviser par le plus petit. Si chaque division ne donne pas de reste, c'est le plus petit qui est le plus grand commun diviseur; si une ou plusieurs divisions donnent un reste chacune, le plus petit nombre n'est pas le plus grand commun diviseur. Alors il faut, d'après le théorème démontré, chercher le plus grand commun diviseur des restes et du plus petit. Si toutes les divisions sont sans reste, c'est le plus petit des restes qui est le plus grand commun diviseur cherché. Si elles ne sont pas toutes sans reste, le plus petit des premiers restes n'est pas le plus grand commun diviseur. Il faut alors chercher avec ces nouveaux restes et le plus petit des premiers; ainsi de suite. Lorsque toutes les divisions seront sans reste, le diviseur employé sera le plus grand commun diviseur.

Comme les seconds restes sont plus petits que les premiers, les troisièmes plus petits que les seconds, ainsi de suite, et que ces restes sont des nombres entiers, on doit arriver à des restes nuls après un nombre limité d'opérations.

Si le dernier diviseur employé est 1, les nombres proposés sont premiers entre eux.

Il est clair que *tout diviseur commun des nombres proposés est un diviseur de chaque reste, et* par conséquent *un diviseur du plus grand commun diviseur des nombres proposés.*

Il faut remarquer que si l'on trouve pour un reste un nombre premier et que ce ne soit pas le plus petit des restes, les nombres proposés sont premiers entre eux.

Si on avait trouvé un nombre premier pour le plus petit des restes, et que ce nombre ne divisât pas exactement un des autres diviseurs, ce serait une preuve que les nombres proposés sont premiers entre eux. Car le plus grand commun diviseur devant être diviseur de chaque reste, ce nombre premier, ne divisant pas tous les restes, ne peut être le plus grand commun diviseur; de plus, ce nombre premier n'a que 1 pour diviseur premier plus petit que lui; donc les nombres proposés ne peuvent avoir que 1 pour plus grand commun diviseur.

Comme le reste d'une division se trouve multiplié ou divisé par le même nombre que celui par lequel on multiplie ou on divise le dividende et le diviseur, il en résulte qu'en multipliant ou en divisant plusieurs nombres par un même nombre, les produits ou les quotients obtenus ont pour plus grand commun diviseur le produit ou le quotient du plus grand commun diviseur des nombres proposés multiplié ou divisé par le nombre par lequel on les a multipliés ou divisés.

Par conséquent, *quand on divise plusieurs nombres par leur plus grand commun diviseur, les quotients obtenus sont premiers entre eux.*

43. Dans les applications, on a l'usage de chercher d'abord le plus grand commun diviseur de deux nombres; puis le plus grand commun diviseur du résultat obtenu et du troisième nombre; puis le plus grand commun diviseur de ce second résultat et du quatrième nombre, ainsi de suite jusqu'à ce qu'on ait employé tous les nombres proposés; le dernier diviseur est le plus grand commun diviseur cherché.

En effet, ce dernier diviseur est évidemment un diviseur du dernier des nombres proposés et d'un sous-multiple de l'ayantdernier; donc il est diviseur des deux derniers; il est aussi un diviseur d'un sous-multiple du second avant-dernier; donc il est aussi diviseur, etc..., ainsi de suite de l'un à l'autre; donc il est diviseur commun de tous les nombres. Il est le plus grand; car tout diviseur commun des nombres proposés doit être diviseur de ce nombre, puisque, étant diviseur des deux premiers nombres, il est diviseur du premier résultat, par suite diviseur du second, ainsi du dernier; donc il ne peut y avoir de diviseur commun plus grand que ce dernier résultat.

44. On peut se servir du plus grand commun diviseur de deux nombres pour avoir le plus petit multiple commun de ces deux nombres. Pour cela, *après avoir trouvé le plus grand commun diviseur des deux nombres, il faut multiplier l'un de ces nombres par le quotient obtenu en divisant le second par leur plus grand commun diviseur.* Car un nombre ne pouvant être multiple d'un autre qu'à la condition de renfermer au moins tous les facteurs de cet autre, un nombre ne peut être multiple commun de deux autres qu'en renfermant au moins tous les facteurs communs aux deux nombres, c'est-à-dire leur plus grand commun diviseur, et puis les facteurs qui sont dans l'un et qui ne sont pas dans l'autre. Or, le plus grand commun diviseur des deux nombres et les facteurs du premier qui ne sont pas dans le second, forment un nombre égal au premier, et les facteurs du second qui ne sont pas dans le premier forment le quotient du second divisé par le plus grand commun diviseur. Donc tout multiple commun doit renfermer au moins le premier nombre (comme facteur) et le quotient du second par leur plus grand commun diviseur ; donc, etc.....

Donc *tout multiple commun de deux nombres est multiple du plus petit des multiples communs.*

Ce théorème fournit un moyen de trouver le plus petit multiple commun de deux nombres sans la décomposition de ces nombres en leurs facteurs premiers, puisqu'on peut avoir le plus grand commun diviseur des deux nombres sans la décomposition.

Sachant trouver le plus simple multiple commun de deux nombres, on peut avoir celui de trois ; car il suffit de chercher le plus petit multiple commun du troisième des nombres proposés et du plus simple multiple commun des deux premiers, puisque tout multiple commun des trois nombres doit être un multiple du plus petit multiple commun des deux premiers, par suite doit être un multiple commun du troisième nombre et du plus petit multiple commun des deux premiers. Donc le plus petit multiple commun des trois nombres, c'est le plus petit multiple commun du troisième nombre et du plus petit multiple commun des deux premiers.

Ayant celui de trois, on aurait celui de quatre, puis celui de cinq, ainsi de suite, on aurait le plus petit multiple commun d'autant de nombres que l'on voudrait.

45. *Le nombre de divisions à faire pour avoir le plus grand commun diviseur de deux nombres entiers, ne peut excéder cinq* *fois le nombre des chiffres du plus petit des deux nombres proposés.*

D'abord il faut remarquer que le nombre de divisions à faire pour trouver le plus grand commun diviseur de deux nombres est le même que pour trouver celui des deux quotients obtenus en divisant les deux nombres proposés par leur plus grand commun diviseur. Or, ces quotients sont premiers entre eux ; donc dans la recherche d'une limite du nombre de divisions à effectuer, on peut regarder le plus grand commun diviseur des deux nombres comme étant 1.

Il faut encore remarquer que sur trois diviseurs consécutifs, le plus grand est au moins égal à la somme des deux autres.

En considérant les diviseurs par ordre de grandeur et commençant par le dernier qui est ici 1, le second (dans l'ordre de grandeur croissante) vaut au moins 2 ; donc le troisième vaut au moins 3, le quatrième au moins 5, ainsi de suite, en ajoutant les deux derniers nombres obtenus, on a la suite des nombres 1, 2, 3, 5, 8, 13, 21, 34, 55, 89..... On voit d'après cela que le onzième diviseur dépasse une unité du troisième ordre, et que le douzième dépasse deux unités du troisième ordre. Alors le treizième en dépassera 3, le quatorzième 5, le quinzième 8, le seizième 13 et le dix-septième 21, c'est-à-dire le seizième dépassera l'unité du quatrième ordre et le dix-septième deux unités du quatrième ordre ; ainsi de suite le rang étant augmenté de 5, l'ordre de l'unité est augmenté de 1. Ainsi le vingt-unième dépasse une unité du cinquième ordre et le vingt-deuxième dépasse deux unités du cinquième ordre. Donc, lorsque le rang du diviseur dépasse un multiple de 5, de 1 ou de 2, ou de 3, ou de 4, ou de 5, il dépasse ou une fois la puissance de la base indiquée par le nombre qui produit le multiple de 5, ou deux fois, ou trois fois, ou cinq fois, ou huit fois cette puissance.

Cela posé, soit n le nombre de divisions à faire pour avoir le plus grand commun diviseur de deux nombres. Supposons que n contienne q fois le nombre 5 et un nombre qui ne dépasse pas 5, alors le $n^{ième}$ diviseur pris dans l'ordre croissant dépasse un nombre qui a au moins $q+1$ chiffres; donc le plus petit des deux nombres a au moins autant de chiffres qu'il y a de fois 5 dans le nombre de divisions à faire. Donc le nombre de divisions à faire, etc.....

Voici encore une limite du nombre de divisions à faire.

Le nombre de divisions à faire pour avoir le plus grand commun diviseur de deux nombres ne peut jamais dépasser le double de l'exposant de la plus petite des puissances de 2 supérieures au plus petit des nombres proposés.

Il faut remarquer que le reste d'une division est toujours plus petit que la moitié du dividende. C'est très-facile à comprendre, car si le quotient vaut plus de 1, il vaut au moins 2, preuve que le diviseur est plus petit que la moitié du dividende; à plus forte raison, le reste qui est plus petit que le diviseur, doit être plus petit que la moitié du dividende. Si le quotient entier est plus petit que 2, mais plus grand que 1, c'est que le diviseur vaut plus de la moitié du dividende; alors le reste qui doit compléter le dividende avec le diviseur est plus petit que la moitié du dividende.

Cela posé, considérons les restes dans l'ordre de grandeur croissante, le deuxième dans cet ordre-là est évidemment plus petit que la moitié du plus petit des deux nombres, puisque ce plus petit est dans cette deuxième division le dividende; de même le quatrième est plus petit que la moitié du deuxième, mais ce deuxième étant lui-même plus petit que la moitié du plus petit nombre, le quatrième doit être à plus forte raison plus petit que la moitié de la moitié du plus petit nombre, ou plus petit que le quart de ce plus petit nombre, de même on trouve le sixième plus petit que le huitième du plus petit nombre; ainsi de suite. On arrive à cette formule générale que le reste d'un rang pair est plus petit que le quotient obtenu en divisant le plus petit des nombres par une puissance de 2 indiquée par le nombre de fois que 2 est contenu dans le rang pair du reste; et comme ce reste de rang pair est au moins 1, ce quotient est plus grand que 1, cette puissance de deux est con tenue dans le plus petit des deux nombres proposés. Donc le rang d'un reste pair est plus petit que le double de l'exposant de la plus petite des puissances de deux supérieures au plus petit des deux nombres proposés.

Maintenant si le nombre de divisions est impair, le reste de l'avant-dernière division est de rang pair; la moitié de ce rang est plus petite que l'exposant de la plus petite puissance de deux supérieure au plus petit nombre et au moins de une unité; alors le rang lui-même est plus petit que cet exposant au moins de deux unités, et comme le nombre de divisions n'a qu'une unité de plus que le rang de ce reste, le nombre de divisions est plus petit que le double de cet exposant. Si le nombre de divisions est pair, alors le reste de la division qui précède l'avant-dernière est de rang pair; la moitié du nombre qui indique son rang est plus petite que l'exposant de la plus petite des puissances de 2 supérieures au plus petit des deux nombres au moins d'une unité; le nombre qui marque le rang a donc au moins deux unités de moins que le double de cet exposant, et comme le nombre de divisions effectuées a deux unités de plus que le nombre qui marque le rang de ce reste, il s'ensuit que le nombre de divisions est au plus égal au double de l'exposant. Donc, etc.....

QUESTIONS A RÉSOUDRE.

THÉORÈMES.

1. Deux nombres entiers consécutifs sont premiers entre eux.

2. Deux nombres impairs consécutifs sont premiers entre eux.

3. La différence de deux nombres premiers plus grands que 2 n'est jamais un nombre premier plus grand que 2.

4. Lorsque deux nombres sont premiers entre eux, leur

somme et leur différence sont des nombres premiers entre eux ou ayant 2 pour plus grand commun diviseur.

5. Lorsque deux nombres sont premiers entre eux, leur somme ou leur différence et leur produit sont des nombres premiers entre eux.

6. Tout nombre impair est égal à un multiple de 4 augmenté ou diminué d'une unité.

7. Tout nombre entier non divisible par 3 est égal à un multiple de 3 augmenté ou diminué d'une unité.

8. Tout nombre entier premier avec 6 est égal à un multiple de 6 augmenté ou diminué d'une unité.

9. Le carré d'un nombre impair est égal à un multiple de 8 augmenté d'une unité.

10. Le carré d'un nombre premier plus grand que 3 est égal à un multiple de 24 augmenté d'une unité.

11. Lorsque deux nombres sont premiers avec 10, la somme ou la différence de leurs carrés est divisible par 5.

12. Lorsque deux nombres ont les mêmes chiffres significatifs, sans les avoir dans le même ordre, leur différence est un multiple de 9.

13. Lorsque deux nombres sont tels que la somme des tranches binaires de l'un est égale à la somme des tranches binaires de l'autre, la différence des deux nombres est un multiple de 11.

14. Si le nombre b est premier avec le nombre a, les restes obtenus en divisant les $(b-1)$ premiers multiples de a par le nombre b sont tous différents.

15. a étant un nombre entier, le produit $a(a+1)(2a+1)$ est toujours divisible par 6.

16. La différence des carrés de deux nombres premiers plus grands que 3 est divisible par 12.

17. a étant un nombre entier, le produit $a(2a+1)(7a+1)$ est toujours divisible par 6.

18. Le produit de cinq nombres entiers consécutifs est divisible par le produit des cinq premiers nombres entiers.

19. a étant un nombre entier, le produit $a(a^2+2)$ est toujours divisible par 3.

20. a étant un nombre impair, le produit $a(a^2+7)(a^2+2)$ est divisible par 24.

21. a et b étant deux nombres impairs et non divisibles par le nombre 3, le produit $(a^2-b^2)(a+b^2)(a^2+b^2+1)$ est divisible par 60.

22. a et b étant premiers entre eux, le produit ab et la somme a^3+b^2 sont des nombres premiers entre eux.

23. Le degré de la plus haute puissance d'un nombre premier plus petit que n, qui soit diviseur du produit des n premiers nombres entiers, est la somme des quotients entiers obtenus en divisant n par le nombre premier, le quotient entier trouvé par le nombre premier, le deuxième par le nombre premier, ainsi de suite jusqu'à un quotient plus petit que le nombre premier.

24. Le produit des n premiers nombres entiers est divisible par le produit

$$(1\times2\times3\ldots a)\times(1\times2\times3\ldots b)\times(1\times2\times3\times\ldots c)\times\ldots$$

lorsque n, qui est le dernier facteur du premier produit, est au moins égal à la somme des derniers facteurs $a, b, c,\ldots$ de tous les autres.

25. Le produit de n nombres entiers consécutifs est divisible par le produit des n premiers nombres entiers.

26. a et b étant deux nombres entiers, le produit $ab(a^2+b^2)(a^2-b^2)$ est divisible par 30.

27. n n'étant ni un nombre premier ni 4, le produit des $n-1$ premiers nombres entiers est divisible par n.

28. Lorsque deux nombres sont premiers entre eux, leur somme et leur différence ont pour plus grand commun diviseur au plus 2.

29. Deux nombres entiers divisés chacun par leur diffé-rence donnent des restes égaux.

30. Les puissances de même degré de deux nombres entiers, divisées par la différence de ces deux nombres entiers, donnent des restes égaux.

PROBLÈMES.

1. Trouver deux nombres entiers dont la somme soit égale au produit.

2. De combien de manières peut-on décomposer un nombre entier en un produit de deux facteurs entiers?

3. De combien de manières peut-on décomposer un nombre entier en deux facteurs premiers entre eux?

4. Combien de nombres entiers plus petits qu'un nombre donné et premiers avec ce nombre donné?

5. Quelle est la condition pour qu'un nombre premier divise la différence des carrés de deux nombres entiers?

6. Un ouvrier qui gagne plus de 3 francs par jour, reçoit 102 francs pour plusieurs jours de travail, et une autre fois 138 francs pour un autre nombre de jours de travail. Quel est le prix d'une journée de travail?

7. Trouver le plus petit nombre qui, divisé par 12, par 15, par 28, par 35, donne le même reste 7.

8. Une personne voit passer des soldats qu'elle compte par groupes de 25 hommes, sans qu'il en reste; d'autres personnes, en les comptant par groupes de 18, de 27 et de 32, ont trouvé chaque fois un reste de 11 hommes. Quel est le plus petit nombre de ces soldats?

9. Quel est le plus petit nombre qui, divisé par 4095, par 5202 et par 24300, donne le même reste 587?

10. Quel est le plus petit nombre entier formé des facteurs premiers 3 et 7 et ayant 20 diviseurs?

THÉORIE

DES

APPROXIMATIONS NUMÉRIQUES.

---

1. Lorsque dans un calcul on remplace un nombre par un autre plus grand ou plus petit, on dit alors qu'on substitue un nombre *erroné*, un nombre *altéré*, un nombre *approché*. Ces trois expressions ont la même signification; la dernière est plus généralement employée. Le nombre *approché*, ou *altéré*, ou *erroné* est par *excès* ou par *défaut* selon qu'il est plus grand ou plus petit que le nombre auquel on le substitue.

Ainsi quand on remplace $\sqrt{3}$ par 1.8, on substitue un nombre approché par excès; si on remplaçait $\sqrt{3}$ par 1,6 on substituerait un nombre approché par défaut.

Dans les deux cas, le nombre substitué est entaché d'une erreur. *Cette erreur, c'est la différence entre le nombre remplacé et le nombre par lequel on le remplace.*

Lorsque le nombre remplacé est complétement connu, l'erreur du nombre par lequel on le remplace est aussi connue. Ainsi quand à 3,728567 on substitue 3,73, l'erreur est 0,001433 par excès. Si au nombre $\frac{43}{47}$ on substitue $\frac{7}{8}$, l'erreur est $\frac{15}{376}$ par défaut.

Lorsque le nombre remplacé n'est pas complétement connu, l'erreur du nombre substitué n'est pas non plus complétement connue. Ainsi on remplace par 3,753 le nombre dans lequel il y a 3,75283 .... et d'autres décimales que l'on ne connaît pas ; alors l'erreur est par excès. Elle n'est pas exactement connue, mais on sait qu'elle est plus petite que ce qui reste de 3,753 quand on retranche 3,75283, c'est-à-dire plus petite que 0,00017. De même quand on remplace $\sqrt{3}$ par 1,732, l'erreur est par défaut ; elle n'est pas exactement connue, on sait seulement qu'elle est plus petite que 0,001.

Le nombre plus grand que l'erreur est nommé *une limite supérieure de l'erreur*. En remplaçant 7,3582 ..... par 7,358, le nombre 0,0003 est une limite supérieure de l'erreur, c'est-à-dire que l'erreur est plus petite que 0,0003. En remplaçant $\sqrt{5}$ par 2,24, on fait une erreur par excès mais plus petite que 0,01 ; alors 0,01 est une limite supérieure de l'erreur.

2. L'usage des nombres approchés s'applique dans deux circonstances : 1° Quand on ne peut avoir les valeurs exactes des nombres avec lesquels on doit calculer pour obtenir un résultat demandé, ce qui arrive toujours avec les nombres incommensurables. 2° Lorsque l'exactitude du résultat cherché n'est pas indispensable, et qu'il suffit d'avoir une valeur approchée du résultat ; alors pour abréger les calculs on emploie des nombres approchés.

Dans chaque cas, on a à résoudre les deux questions suivantes : 1° *Connaissant une limite de l'erreur de chaque nombre approché entrant dans le calcul, trouver une limite de l'erreur du résultat.* 2° *Connaissant la limite de l'erreur du résultat du calcul, trouver la limite nécessaire et suffisante de chaque nombre approché entrant dans le calcul.*

ADDITION.

3. 1° *Lorsque les nombres approchés que l'on doit additionner sont tous approchés dans le même sens, l'erreur de la somme est la somme des erreurs des nombres approchés ou la limite de l'erreur de la somme est la somme des limites des erreurs des nombres approchés.*

Les nombres à additionner sont, par exemple, $\sqrt{3}$, $\sqrt{5}$,

$\sqrt[3]{7}$, $\dfrac{17}{23}$; on les remplace par les nombres approchés par défaut 1,732, 2,23, 1,9, 0,73913 dont les erreurs ont pour limites 0,001, 0,01, 0,1, 0,000001, la somme 6,60113 est approchée par défaut et l'erreur est plus petite que 0,111001; c'est très-facile à comprendre.

2° *Lorsque les nombres à additionner sont approchés les uns par excès et les autres par défaut, on obtient l'erreur de la somme en faisant la somme des erreurs des nombres approchés par défaut, puis la somme des erreurs des nombres approchés par excès, retranchant la plus petite somme de la plus grande, le reste est l'erreur de la somme dans le sens de la plus grande.*

Les nombres à additionner sont, par exemple,

$$3,75832\ldots\ldots,\quad \frac{7}{17},\quad 8,37152,\quad \sqrt{2},\quad \sqrt[3]{3}.$$

On les remplace par les nombres 3,76 dont l'erreur est par excès plus grande que 0,001, par 0,41 dont l'erreur est par défaut plus petite que 0,01, par 8,37 dont l'erreur est par défaut plus petite que 0,002, par 1,414 dont l'erreur par défaut est plus petite que 0,0003, enfin par 1,5 dont l'erreur par excès est plus grande que 0,05; la somme des nombres 15,454 n'est qu'approchée, et comme l'erreur par excès est plus grande que 0,051 et l'erreur par défaut est plus petite que 0,0123, l'erreur de la somme est par excès et plus grande que 0,051 — 0,0123, c'est-à-dire plus grande que 0,0387.

Dans ce cas, il faut prendre les limites inférieures des erreurs par excès et les limites supérieures des erreurs par défaut, si ce que la somme a en plus l'emporte sur ce qu'elle a en moins, comme dans cet exemple, la somme obtenue est approchée par excès; différemment on ne peut pas décider dans quel sens est l'erreur. C'est pourquoi il vaut mieux que les erreurs soient toutes dans le même sens, quand on ne peut avoir que des limites.

4. Déterminer une limite de l'erreur avec laquelle il faut

approcher les nombres à additionner pour que l'erreur de la somme ait une limite donnée.

Il faut diviser la limite donnée pour l'erreur de la somme par le nombre qui indique combien de nombres approchés entrent dans l'addition, le quotient obtenu est une limite commune.

Exemple. — On veut avoir à 0,001 près la somme des nombres 3,17, $\sqrt{3}$, $\sqrt[3]{29}$, $\dfrac{31}{37}$, $\dfrac{3}{\sqrt{2}}$. Comme il y a 4 nombres dont on ne peut avoir que des valeurs approchées, il faut que chaque erreur ait une limite plus petite que le quart de 0,001 ; par conséquent, il faut prendre 1,732 pour $\sqrt{3}$, 3,065 pour $\sqrt[3]{29}$, 0,8378 pour $\dfrac{31}{37}$, et 2,1213 pour $\dfrac{3}{\sqrt{2}}$. On trouve 10,9261 pour la somme des nombres

$$3,17 + 1,732 + 3,065 + 0,8378 + 2,1213.$$

Cette somme est une valeur approchée par défaut de la somme des nombres proposés et l'erreur est plus petite que 0,001.

SOUSTRACTION.

5. 1° *Lorsque le nombre dont on retranche est seul inexact, l'erreur du reste est égale à l'erreur du nombre inexact et elle est dans le même sens.*

2° *Si le nombre que l'on retranche est seul inexact, l'erreur du reste est égale à l'erreur du nombre retranché mais en sens contraire.*

3° *Si les deux nombres sont inexacts avec des erreurs en sens contraires, l'erreur du reste est égale à la somme des erreurs des nombres inexacts et elle est dans le sens de l'erreur du nombre dont on retranche.*

4° *Si les deux nombres sont inexacts avec des erreurs dans le même sens, l'erreur du reste est égale à la différence des deux erreurs; dans le même sens, si l'erreur du nombre dont on retranche est plus grande que l'erreur du second nombre; et dans un sens différent, si c'est le contraire.*

Lorsque l'on ne connaît que des limites des erreurs, les règles sont les mêmes pour les trois premiers cas, mais pour le quatrième le sens de la limite de l'erreur du reste est incertain. Par conséquent, si les deux nombres ne peuvent être donnés exactement, il vaut mieux prendre des valeurs approchées en sens contraire.

6. Connaissant la limite de l'erreur d'une différence et le sens de l'erreur, déterminer la limite de l'erreur de chaque terme.

Il faut prendre la moitié de la limite donnée et calculer chaque terme de la différence avec une erreur plus petite que cette moitié de la limite donnée, en ayant soin de l'avoir pour le premier terme dans le même sens que pour la différence et pour le second terme en sens contraire.

On veut retrancher $\sqrt{3}$ de $\sqrt{7}$ et trouver le reste par défaut à 0,001 près, il faut prendre $\sqrt{3}$ à un demi-millième près par excès et $\sqrt{7}$ à un demi-millième par défaut. Ainsi il faut retrancher 1,7325 de 2,6430, ce qui donne 0,9105 pour la différence approchée par défaut à moins de 0,001 près.

MULTIPLICATION.

7. 1° *Lorsqu'un seul facteur est altéré, l'erreur du produit est égale au produit de l'erreur du facteur altéré par le facteur exact, et elle est dans le même sens que l'erreur du facteur.*

Car le produit est formé avec l'un des deux facteurs comme l'autre est formé avec l'unité; donc si cet autre facteur est augmenté ou diminué du produit de l'unité par un nombre, le produit sera augmenté ou diminué du produit du facteur exact par le même nombre.

Ainsi dans le produit de 19 par $\sqrt{11}$, on diminue ou on augmente $\sqrt{11}$ de moins de 0,001 , le produit sera diminué ou augmenté de moins de 0,001 de 19.

2° Lorsque les deux facteurs sont altérés par défaut, l'erreur du produit est égale au nombre que l'on trouve en retranchant le produit des deux erreurs de la somme des produits obtenus en multipliant chaque facteur par l'erreur de l'autre, et le produit est par défaut.

Soit à multiplier $\sqrt{3}$ par $\sqrt{19}$; au lieu de cela on multiplie

$$\left(\sqrt{3}-\alpha\right) \text{ par } \left(\sqrt{19}-6\right),$$

on a $\qquad \sqrt{3}\,.\,\sqrt{19}-\alpha\sqrt{19}-6\sqrt{3}+\alpha 6,$

donc le produit $\sqrt{3}\,.\,\sqrt{19}$ est diminué de $\alpha\sqrt{19}+6\sqrt{3}-\alpha 6$.

3° Lorsque les deux facteurs sont altérés par excès, l'erreur du produit vaut le nombre que l'on trouve en ajoutant le produit des deux erreurs à la somme des produits obtenus en multipliant chaque facteur par l'erreur de l'autre, et le produit est par excès.

Soit à multiplier π par $\sqrt{7}$; si on prend $(\pi+\alpha)$ et $\left(\sqrt{7}+6\right)$, on a pour produit $\pi\sqrt{7}+\alpha\sqrt{7}+6\pi+\alpha 6$; donc le produit $\pi\sqrt{7}$ est augmenté de $\alpha\sqrt{7}+6\pi+\alpha 6$.

8. Les deux facteurs d'un produit ne peuvent être obtenus exactement, avec quelle approximation faut-il les prendre pour que l'erreur du produit soit plus petite qu'une quantité donnée?

1° Il faut prendre les facteurs par défaut avec une erreur plus petite que le quotient de l'erreur indiquée pour le produit divisée par la somme des deux facteurs.

Car si α est l'erreur du facteur A et 6 celle du facteur B, l'erreur du produit est $\alpha B+6A-\alpha 6$, et il faut que cette erreur soit moindre que ε. Or. soit $\alpha < 6$. alors $\alpha B < 6B$ et $\alpha B+6A < 6(B+A)$, et *à fortiori* $\alpha B+6A-\alpha 6 < 6(B+A)$;

il suffit donc que $6(B+A) < \varepsilon$ ou $6 < \dfrac{\varepsilon}{B+A}$.

2° Si les deux facteurs sont pris par excès, chacun avec une erreur plus petite qu'une unité, pour avoir une limite de cette erreur, il faut diviser celle qui est donnée pour le produit par la somme des deux facteurs augmentée d'une unité.

Car alors l'erreur du produit est $\alpha B + \beta A + \alpha\beta$, elle est moindre, si $\alpha < \beta$, que $\beta(A+B+\alpha)$; il suffit donc que $\beta(A+B+\alpha) < \varepsilon$, d'où $\beta < \dfrac{\varepsilon}{A+B+\alpha}$; donc il suffit que $\beta < \dfrac{\varepsilon}{A+B+1}$.

3° Si les deux facteurs étaient approchés l'un par défaut et l'autre par excès, à plus forte raison, il suffirait de prendre pour limite de l'erreur de chaque facteur, le quotient de l'erreur donnée pour le produit, divisée par la somme des deux facteurs.

4° Si les deux facteurs sont égaux, l'erreur d'un facteur est plus petite que le quotient de l'erreur du produit divisée par le double du facteur. Donc si l'erreur d'un nombre est plus petite que ε, l'erreur de la racine carrée est moindre que le quotient de ε divisé par le double de la racine.

Lorsque le produit a plus de deux facteurs, la relation entre l'erreur du produit et les erreurs des facteurs est tellement compliquée, qu'on a dû rechercher une méthode plus simple pour résoudre les questions. Cette méthode est celle des erreurs relatives.

DIVISION.

9. *1° Lorsque le dividende seul est approché, l'erreur du quotient est dans le même sens que celle du dividende et elle est égale au quotient de l'erreur du dividende divisée par le diviseur.*

Soit A à diviser par B, le vrai quotient est $\dfrac{A}{B}$. Si on divise $A \pm \alpha$ par B, le quotient est $\dfrac{A}{B} \pm \dfrac{\alpha}{B}$, donc l'erreur du quotient est $\dfrac{\alpha}{B}$.

2° Si le diviseur seul est approché, l'erreur du quotient est en sens inverse de celle du diviseur et elle est égale au produit du vrai quotient multiplié par le quotient de l'erreur du diviseur divisée par le diviseur approché.

Soit A à diviser par B, le vrai quotient est $\frac{A}{B}$; si on divise A par B — ε, le quotient approché est $\frac{A}{B-\varepsilon}$ plus grand que le vrai quotient $\frac{A}{B}$. Pour avoir l'erreur du quotient, il faut retrancher $\frac{A}{B}$ de $\frac{A}{B-\varepsilon}$, ce qui donne $\frac{A\varepsilon}{B(B-\varepsilon)}$ ou le produit de $\frac{A}{B}$ par $\frac{\varepsilon}{B-\varepsilon}$.

Si on divise A par B + ε, le quotient est $\frac{A}{B+\varepsilon}$ plus petit que le vrai quotient $\frac{A}{B}$. Pour avoir l'erreur du quotient, il faut retrancher $\frac{A}{B+\varepsilon}$ de $\frac{A}{B}$, ce qui donne $\frac{A\varepsilon}{B(B+\varepsilon)}$ ou le produit de $\frac{A}{B}$ par $\frac{\varepsilon}{B+\varepsilon}$.

3° Lorsque le dividende est approché par excès et le diviseur par défaut, le quotient est approché par excès et on obtient l'erreur du quotient en multipliant l'erreur du dividende par le diviseur exact, puis l'erreur du diviseur par le dividende exact, faisant la somme des deux produits et divisant cette somme par le produit du diviseur exact par le diviseur approché.

Soit A à diviser par B, le vrai quotient est $\frac{A}{B}$; si on divise A + α par B — ε, le quotient approché est $\frac{A+\alpha}{B-\varepsilon}$ plus grand que le vrai quotient. Pour avoir l'erreur du quotient, il faut retrancher $\frac{A}{B}$ de $\frac{A+\alpha}{B-\varepsilon}$; ce qui donne $\frac{\alpha B+\varepsilon A}{B(B-\varepsilon)}$.

Comme $B - 6$ est moindre que $\overset{\cdot}{B}$, en remplaçant $B(B - 6)$ par $(B - 6)^2$, l'erreur du quotient est moindre que $\dfrac{\alpha B + 6A}{(B - 6)^2}$, et à plus forte raison moindre que $\alpha B + 6A$ divisé par le carré d'un nombre plus petit que $B - 6$.

4° *Lorsque le dividende est approché par défaut et le diviseur par excès, le quotient est approché par défaut et on obtient l'erreur du quotient en opérant comme dans le cas précédent.*

On a $\dfrac{\alpha B + 6A}{B(B + 6)}$. Mais dans ce cas, en remplaçant $B(B + 6)$ par B^2, on a $\dfrac{\alpha B + 6A}{B^2}$ plus grand que l'erreur du quotient.

A *fortiori* l'erreur du quotient est moindre que $\alpha B + 6A$ divisé par le carré d'un nombre plus petit que B.

Dans ces deux derniers cas l'erreur du quotient est toujours dans le même sens que l'erreur du dividende.

5° *Si le dividende et le diviseur étaient approchés dans le même sens, pour avoir l'erreur du quotient, il faudrait faire les mêmes multiplications, mais retrancher les deux produits l'un de l'autre et diviser par le produit du vrai diviseur par le diviseur inexact.* Dans ce cas, le sens de l'erreur est le plus souvent incertain, parce qu'au lieu des erreurs exactes du dividende et du diviseur on n'a le plus souvent que des limites. Les deux premiers cas valent donc mieux.

10. 1° Lorsque le dividende seul ne peut être donné exactement, avec quelle approximation faut-il le prendre pour que l'erreur du quotient soit moindre que δ?

Il faut que l'erreur du dividende soit moindre que $\delta.B$, B étant le diviseur. Car l'erreur du dividende étant α, celle du quotient doit être $\dfrac{\alpha}{B}$, par conséquent il faut $\dfrac{\alpha}{B} < \delta$ d'où $\alpha < \delta B$.

2° Lorsque le diviseur seul ne peut être donné exactement, avec quelle approximation faut-il le prendre pour que l'erreur du quotient soit moindre que δ?

1° Si le diviseur doit être approché par excès, il faut que l'erreur ε soit moindre que $\delta \cdot \dfrac{B^2}{A}$ (A étant le dividende). Car si ε est l'erreur du diviseur, celle du quotient doit être $\dfrac{A\varepsilon}{B(B+\varepsilon)}$, par suite moindre que $\dfrac{A\varepsilon}{B^2}$, il suffit donc que $\dfrac{A\varepsilon}{B^2} < \delta$; d'où $\varepsilon < \dfrac{\delta \cdot B^2}{A}$, condition qui sera, à *fortiori*, satisfaite, si on multiplie δ par un nombre plus petit que B.

2° Si le diviseur doit être approché par défaut, il faut que $\varepsilon < \dfrac{\delta \cdot B(B-1)}{A}$ (en admettant que ε doit être moindre que 1); car l'erreur du diviseur étant ε, celle du quotient doit être $\dfrac{A\varepsilon}{B(B-\varepsilon)}$, par suite, moindre que $\dfrac{A\varepsilon}{B(B-1)}$, lorsque ε doit être moindre que 1 (si ε devait être plus grand que 1, soit ε' le plus petit nombre entier plus grand que ε, l'erreur du quotient serait moindre que $\dfrac{A\varepsilon}{B(B-\varepsilon')}$). Alors il suffit que $\dfrac{A\varepsilon}{B(B-1)} < \delta$, d'où $\varepsilon < \dfrac{\delta \cdot B(B-1)}{A}$ (ou bien $\varepsilon < \dfrac{\delta \cdot B(B-\varepsilon')}{A}$, si ε devait être plus grand que 1). La condition sera, à *fortiori*, satisfaite en remplaçant B par un nombre plus petit.

3° Lorsque le dividende doit être approché par défaut et le diviseur par excès, quelle approximation doit-on avoir pour que l'erreur du quotient soit moindre que δ?

Il faut que l'erreur sur chaque nombre soit moindre que $\dfrac{\delta \cdot B^2}{A+B}$; car ayant $\dfrac{A-\alpha}{B+\varepsilon}$ au lieu de $\dfrac{A}{B}$, l'erreur du quotient est $\dfrac{A\varepsilon + \alpha B}{B(B+\varepsilon)}$, par suite elle est plus petite que $\dfrac{A\varepsilon + B\alpha}{B^2}$, et considérant une valeur γ plus grande que ε et que α, l'erreur du quotient est moindre que $\dfrac{(A+B)\gamma}{B^2}$, donc $\gamma < \dfrac{\delta \cdot B^2}{A+B}$, et,

à plus forte raison, α et 6 doivent être moindres que $\dfrac{\delta . B^2}{A + B}$.
La condition sera, à plus forte raison, satisfaite en rempla-
çant au numérateur B par un nombre plus petit, et au dénominateur A et B par des nombres plus grands.

4° Lorsque le dividende doit être approché par excès et le
diviseur par défaut, *il faut que chaque erreur soit moindre*
que $\dfrac{\delta (B-1) . B}{A+B}$; car alors on a le quotient $\dfrac{A+\alpha}{B-6}$ au lieu de
$\dfrac{A}{B}$; l'erreur du quotient est $\dfrac{\alpha B + 6A}{B(B-6)}$, par suite elle est moindre
que $\dfrac{\alpha B + 6A}{B(B-1)}$ (6 devant être plus petit que 1); par conséquent, pour qu'elle soit moindre que δ, il suffit que α et 6
soient moindres que $\dfrac{\delta B(B-1)}{A+B}$.

5° Si le dividende et le diviseur devaient être l'un et l'autre
par excès, il suffirait que chaque erreur fût moindre que $\dfrac{\delta . B^2}{A-B}$
ét s'ils devaient être par défaut, il suffirait que chaque erreur
fût moindre que $\dfrac{\delta B(B-1)}{A-B}$.

11. Toutes ces questions deviennent plus simples quand
elles sont traitées par les erreurs relatives.

On nomme *erreur relative le quotient obtenu en divisant la
vraie erreur par le nombre exact;* c'est le nombre abstrait
(nombre qui est toujours une fraction plus petite que 1),
parlequel il faut multiplier le nombre exact pour avoir la vraie
erreur. C'est la fraction qui indique quelle partie du nombre
exact il faut prendre pour avoir la vraie erreur. Ainsi, 1° dire
que l'erreur relative de $\sqrt{7}$ est $\dfrac{1}{19}$, c'est dire qu'en prenant le
nombre a pour $\sqrt{7}$, on fait une erreur qui vaut la dix-neu-
vième partie de $\sqrt{7}$; 2° dire que l'erreur relative de $\sqrt[3]{53}$ est

$\frac{3}{29}$, c'est dire qu'en prenant le nombre b pour $\sqrt[3]{53}$ on fait une erreur qui vaut les trois vingt-neuvièmes de $\sqrt[3]{53}$.

Une *limite supérieure* d'une erreur relative est une fraction plus grande que l'erreur relative, et une *limite inférieure* est une fraction plus petite que l'erreur relative. On prend toujours une fraction décimale pour la limite; par exemple, l'erreur relative d'un nombre est moindre que $\frac{1}{1000}$, cela veut dire que le nombre exact a été remplacé par un nombre approché et que l'erreur faite est moindre que la millième partie du nombre exact.

12. *Lorsque les* m *premiers chiffres à gauche d'un nombre sont exacts, ou*, plus exactement, *lorsque l'erreur vraie d'un nombre est plus petite qu'une unité du* m^e *chiffre à partir de la gauche, l'erreur relative du nombre est plus petite que la fraction dont le numérateur est l'unité, et le dénominateur se compose du premier chiffre à gauche du nombre suivi de* (m—1) *zéros.*

Soit N le nombre exact, e l'erreur vraie, r l'erreur relative. Supposons que l'unité du m^e chiffre à gauche soit nommée α, on a d'après la donnée $e < 1^{(\alpha)}$; en divisant chaque membre par N, on a $\frac{e}{N}$ ou $r < \frac{1^{(\alpha)}}{N}$ (1). Soit c le premier chiffre à gauche du nombre N, il est clair que $c \cdot 10^{(m-1)}(\alpha)$ valent moins que N, alors dans (1) remplaçant N par $c \cdot 10^{m-1}(\alpha)$, on a *à fortiori*

$$r < \frac{1^{(\alpha)}}{c \cdot 10^{m-1}(\alpha)} \quad \text{ou} \quad r < \frac{1}{c \cdot 10^{m-1}}.$$

La plus petite valeur d'un chiffre est 1, donc toujours $r < \frac{1}{10^{m-1}}$. Si on calculait $\sqrt[5]{23714}$ jusqu'au troisième chiffre décimal, l'erreur relative serait moindre que $\frac{1}{7000}$, parce que le premier chiffre est 7.

Lorsque le numérateur de l'erreur relative n'est pas l'unité, on divise chaque terme de la fraction par le numérateur, et on a une limite dont le numérateur est l'unité.

Exemple. Si l'erreur relative d'un nombre était $\dfrac{237}{719428}$, en divisant les deux termes par 237 et prenant pour dénominateur la partie entière du quotient de 719428 divisé par 237, on obtient $\dfrac{1}{3035}$ pour la limite de l'erreur relative.

Lorsqu'il est question de la limite de l'erreur relative, c'est toujours sous cette dernière forme qu'on la considère.

13. En connaissant une limite de l'erreur relative on peut avoir une limite de l'erreur vraie ou absolue, et par suite le nombre de chiffres exacts à la gauche du nombre approché.

Soit $r < \dfrac{1}{D}$ et soit N le nombre. 1° *En supposant que le nombre de chiffres de* D *soit* m, *si les* n *premiers chiffres à gauche de* D *sont respectivement égaux aux* n *premiers chiffres à gauche de* N *et si le* $(n+1)^{me}$ *de* D *est plus grand que le* $(n+1)^{me}$ *de* N, *l'erreur vraie est plus petite qu'une unité du* $m^{ième}$ *chiffre à gauche de* N.

En effet, puisque $r < \dfrac{1}{D}$, on a $e < \dfrac{N}{D}$. En prenant les *m* premiers chiffres à gauche de N, et remplaçant le $(n+1)^{me}$ par le $(n+1)^{me}$ de D et les autres par des zéros, on a un nombre tel que $a \cdot 10^{m-n-1}\,(\alpha) > N$ (α est le nom de l'unité du m^{me} chiffre à gauche de N et a est le nombre formé par les $n+1$ premiers chiffres à gauche de D). En remplaçant dans D les chiffres qui sont après le $(n+1)^{me}$ par des zéros, on a le nombre $a \cdot 10^{m-n-1}$ plus petit que D, donc $\dfrac{N}{D} < \dfrac{a \cdot 10^{m-n-1}(\alpha)}{a \cdot 10^{m-n-1}}$ ou $\dfrac{N}{D} < 1\,(\alpha)$, donc *à fortiori* $e < 1\ (\alpha)$. On dit alors que les *m* premiers chiffres à gauche de N sont exacts.

Soit par exemple 347,5832745 un nombre approché tel que l'erreur relative est plus petite que $\dfrac{1}{349567}$. Comme le troisième chiffre à gauche du dénominateur est plus grand que le troisième chiffre à gauche du nombre approché, l'erreur absolue est plus petite qu'une unité du sixième chiffre à gauche du nombre approché, c'est-à-dire plus petite qu'un millième; alors **347,583** est un nombre approché à **0,001**. En effet, puisque $r < \dfrac{1}{349567}$, on doit avoir $e < \dfrac{N}{349567}$; mais N est moindre que 349000 millièmes et 349000 est moindre que 349567; alors $\dfrac{N}{349567}$ est moindre que $\dfrac{349000 \text{ millièmes}}{349000}$ ou moindre que 1 millième; donc à plus forte raison $e < 1$ millième.

2° *Lorsque les* k *premiers chiffres à gauche du dénominateur de l'erreur relative sont respectivement égaux aux* k *premiers chiffres à gauche de la valeur approchée, et que le* $(k+1)^{me}$ *du dénominateur est plus petit que le* $(k+1)^{me}$ *de la valeur approchée, la vraie erreur est plus petite qu'une unité du* $(n-1)^{ième}$ *rang en partant de la gauche* (*n* étant le nombre de chiffres du dénominateur).

Soit *a* le nombre formé par les $k+1$ chiffres à gauche du dénominateur; nommons α l'unité du $(k+1)^{me}$ chiffre, et soit *n* le nombre total de chiffres du dénominateur; alors l'erreur relative est plus petite que $\dfrac{1}{a.10^{n-k-1}}$, et par suite la vraie erreur est plus petite que le nombre exact divisé par $a.10^{n-k-1}$. Mais ce nombre exact est plus petit que $a.10(\alpha)$, donc la vraie erreur est plus petite que $\dfrac{a.10(\alpha)}{a.10^{n-k-1}}$ ou $\dfrac{1(\alpha)}{10^{n-k-2}}$; c'est-à-dire plus petite que l'unité qui, à partir de la gauche, est $(n-k-2)$ rangs après l'unité (α) du $(k+1)^{me}$ rang; donc elle est plus petite qu'une unité du $(n-1)^{me}$ rang.

ADDITION ET SOUSTRACTION.

14. Lorsque dans une addition ou une soustraction on ne peut avoir que des nombres approchés, il est plus simple d'étudier la question par les erreurs absolues que par les erreurs relatives.

Cependant il est peut-être utile de savoir quelle est la relation entre les erreurs relatives du résultat du calcul et des nombres employés pour avoir ce résultat.

1° *L'erreur relative de la somme de plusieurs nombres approchés dans le même sens est plus grande que la plus petite des erreurs relatives des nombres additionnés et elle est plus petite que la plus grande.*

Soient A, B, C, D les nombres exacts et A $\pm$ α, B $\pm$ 6, C $\pm$ γ, D $\pm$ δ les nombres approchés, l'erreur vraie de la somme est (α + 6 + γ + δ) en plus ou en moins, et l'erreur relative est $\dfrac{\alpha + 6 + \gamma + \delta}{A + B + C + D}$. Cette valeur est plus grande que la plus petite des valeurs $\dfrac{\alpha}{A}, \dfrac{6}{B}, \dfrac{\gamma}{C}, \dfrac{\delta}{D}$, et elle est plus petite que la plus grande.

2° *Si les nombres sont approchés les uns par excès et les autres par défaut, l'erreur relative de la somme est plus petite que la plus grande des erreurs relatives par excès ou par défaut, selon que la somme des erreurs absolues par excès est plus grande ou plus petite que la somme des erreurs absolues par défaut.*

Soient les nombres A, B, C, D, E exacts et les nombres A + α, B + 6, C + γ, D — δ, E — ε; l'erreur relative de la somme est $\dfrac{\alpha + 6 + \gamma - \delta - \varepsilon}{A + B + C + D + E}$ ou $\dfrac{\delta + \varepsilon - \alpha - 6 - \gamma}{A + B + C + D + E}$, et il est clair que dans chaque cas l'erreur relative est plus petite que la plus grande des erreurs relatives correspondantes aux erreurs absolues dont la somme l'emporte sur l'autre. Dans le premier cas, soit $\dfrac{\alpha}{A}$ la plus grande, on sait que $\dfrac{\alpha + 6 + \gamma}{A + B + C + D + E}$ est moindre que $\dfrac{\alpha}{A}$, à fortiori $\dfrac{\alpha + 6 + \gamma - \delta - \varepsilon}{A + B + C + D + E}$ est moindre que $\dfrac{\alpha}{A}$. De même dans le second cas.

15. 3° Pour la soustraction, *si les deux nombres sont a[p]-prochés en sens contraire, l'erreur relative du reste est pl[us] grande que l'erreur relative du plus grand nombre.*

Soient les deux nombres exacts A et B, $A \pm \alpha$ et $B \mp \beta$ les no[m]bres approchés ; l'erreur absolue est $(\alpha + \beta)$ en plus ou en moi[ns] et l'erreur relative est $\dfrac{\alpha + \beta}{A - B}$ qui est évidemment plus gran[de] que $\dfrac{\alpha}{A}$; et si $\dfrac{\alpha}{A}$ est plus grande que $\dfrac{\beta}{B}$, il est clair que l'erre[ur] relative du reste est à plus forte raison plus grande que $\dfrac{\beta}{B}$.

Mais si $\dfrac{\alpha}{A}$ est moindre que $\dfrac{\beta}{B}$, l'erreur relative du reste pe[ut] être plus grande ou plus petite que $\dfrac{\beta}{B}$. Elle est plus grand[e] si $\dfrac{\alpha}{A - 2B}$ vaut plus que $\dfrac{\beta}{B}$ et elle est plus petite dans le c[as] contraire.

4° *Si les deux nombres sont approchés dans le même sen[s], l'erreur relative du reste est plus petite que l'erreur relative d[u] plus grand nombre, si l'erreur relative de ce plus grand nomb[re] est plus petite que l'autre.*

Car alors l'erreur relative est $\dfrac{\alpha - \beta}{A - B}$. Si $\dfrac{\alpha}{A} < \dfrac{\beta}{B}$, on a $\dfrac{\alpha}{A} . B <$[β] retranchant chaque membre de α, on a : $\alpha - \dfrac{\alpha}{A} B > \alpha - $[β] d'où $\dfrac{\alpha}{A} > \dfrac{\alpha - \beta}{A - B}$ et *à fortiori* $\dfrac{\alpha - \beta}{A - B} < \dfrac{\beta}{B}$.

L'erreur relative du reste est plus grande que chacune d[es] erreurs relatives des deux nombres, si celle du plus grand d[é]passe celle du plus petit.

Car $\dfrac{\alpha}{A} > \dfrac{\beta}{B}$ donne $\dfrac{\alpha}{A} . B > \beta$, retranchant chaque memb[re] de α, on a $\alpha - \dfrac{\alpha}{A} . B < \alpha - \beta$; d'où $\dfrac{\alpha}{A} < \dfrac{\alpha - \beta}{A - B}$.

Dans l'application il faut donc faire en sorte que l'erre[ur] relative du plus grand nombre soit moindre que celle du plus petit nombre, afin que l'erreur relative du reste soit moindre que chacune des deux erreurs.

MULTIPLICATION ET DIVISION.

16. 1° *Dans un produit de deux facteurs, si l'un des deux facteurs seulement est approché, l'erreur relative du produit est égale à l'erreur relative du facteur inexact.*

Soient A et B les deux facteurs exacts d'un produit, et soit $B \mp 6$ un facteur approché; alors l'erreur absolue du produit est A6 en moins ou en plus selon que le facteur approché l'est par défaut ou par excès; l'erreur relative du produit doit être $\dfrac{A6}{AB}$ ou $\dfrac{6}{B}$, c'est-à-dire l'erreur relative du facteur inexact.

2° *Lorsque les deux facteurs sont approchés par défaut, l'erreur relative du produit est plus petite que la somme des erreurs relatives des deux facteurs; elle vaut ce qui reste de cette somme en retranchant le produit des deux erreurs relatives.*

Soient A et B les deux facteurs exacts, $A-\alpha$ et $B-6$ les facteurs approchés par défaut; la vraie erreur du produit est $B\alpha + A6 - \alpha 6$, et l'erreur relative est $\dfrac{B\alpha + A6 - \alpha 6}{AB}$ ou $\dfrac{\alpha}{A} + \dfrac{6}{B} - \dfrac{\alpha}{A} \cdot \dfrac{6}{B}$.

3° *Lorsque les deux facteurs sont approchés par excès, l'erreur relative du produit vaut ce que l'on obtient en augmentant la somme des deux erreurs relatives du produit de ces deux erreurs.*

Car alors la vraie erreur du produit est $B\alpha + A6 + \alpha 6$, et l'erreur relative $\dfrac{B\alpha + A6 + \alpha 6}{AB}$ ou $\dfrac{\alpha}{A} + \dfrac{6}{B} + \dfrac{\alpha}{A} \cdot \dfrac{6}{B}$.

Dans ces deux derniers cas, comme le produit des deux erreurs relatives est un très-petit nombre, puisque chaque erreur relative a généralement une très-petite valeur, on peut admettre que l'erreur du produit, quand les deux facteurs sont approchés dans le même sens, est *sensiblement* égale à la somme des erreurs relatives des deux facteurs.

4° Lorsque les deux facteurs ne sont pas approchés dans le même sens, l'erreur relative du produit vaut la somme de la différence et du produit des deux erreurs relatives.

Car alors l'erreur vraie est $B\alpha - A\delta + \alpha\delta$ ou $A\delta - B\alpha + \alpha\delta$, et l'erreur relative est $\dfrac{\alpha}{A} - \dfrac{\delta}{B} + \dfrac{\alpha}{A} \cdot \dfrac{\delta}{B}$ ou $\dfrac{\delta}{B} - \dfrac{\alpha}{A} + \dfrac{\alpha}{A} \cdot \dfrac{\delta}{B}$. On peut dire aussi, dans ce cas, que l'erreur relative du produit est sensiblement égale à la différence des deux erreurs relatives.

5° Dans un produit de plusieurs facteurs approchés dans le même sens, l'erreur relative est sensiblement égale à la somme des erreurs relatives des facteurs approchés.

En supposant que c'est vrai pour un produit P de n facteurs, il est facile de prouver que c'est encore vrai pour un produit de $n+1$ facteurs. Soit Pv ce produit de $n+1$ facteurs. L'erreur relative du produit des deux facteurs P et v approchés dans le même sens est *sensiblement* égale à la somme des deux erreurs relatives des deux facteurs P et v; or l'erreur relative du facteur P est, par hypothèse, *sensiblement* égale à la somme des erreurs relatives des n facteurs de P; donc l'erreur relative du produit Pv est *sensiblement* égale à la somme des erreurs relatives des $n+1$ facteurs. Pour le produit de deux facteurs, c'est vrai: donc c'est vrai encore pour le produit de trois facteurs, par suite pour le produit de quatre, etc.....

17. *L'erreur relative de la $n^{ème}$ puissance d'un nombre approché est sensiblement égale à n fois l'erreur relative de ce nombre.*

L'erreur relative de la racine $n^{ème}$ d'un nombre approché est sensiblement égale à la $n^{ème}$ partie de l'erreur relative de ce nombre; car l'erreur de $\left(\sqrt[n]{A}\right)^n$ est sensiblement égale à n fois l'erreur relative de $\sqrt[n]{A}$, donc l'erreur relative de $\sqrt[n]{A}$ est sensiblement égale à la $n^{ème}$ partie de l'erreur relative de $\left(\sqrt[n]{A}\right)^n$ ou de A.

18. 6° *Dans la division de deux nombres dont le dividende seul est approché, l'erreur relative du quotient est égale à l'erreur relative du dividende.*

Car alors le dividende est le produit de deux facteurs, dont l'un seulement, le quotient, est approché; alors l'erreur relative du dividende est égale à celle du quotient.

D'ailleurs on le voit directement; car soit $A \pm \alpha$ le dividende approché et B le diviseur exact, l'erreur vraie du quotient est $\frac{\alpha}{B}$ en plus ou en moins, l'erreur relative est le quotient de $\frac{\alpha}{B}$ par $\frac{A}{B}$ ou $\frac{\alpha}{A}$.

7° *Lorsque le diviseur seul est approché par excès, l'erreur relative du quotient est plus petite que l'erreur relative du diviseur.*

Soit A le dividende exact et $B + \delta$ le diviseur approché par excès, l'erreur vraie du quotient est $\frac{A}{B} - \frac{A}{B + \delta}$ ou $\frac{A\delta}{B(B + \delta)}$; et l'erreur relative est $\frac{\delta}{B + \delta}$, moindre que $\frac{\delta}{B}$.

8° *Lorsque le diviseur seul est approché par défaut, l'erreur relative du quotient est plus grande que l'erreur relative du diviseur.*

Soit A le dividende exact et $B - \delta$ le diviseur approché par défaut, l'erreur vraie du quotient est $\frac{A}{B - \delta} - \frac{A}{B}$ ou $\frac{A\delta}{B(B - \delta)}$, par suite l'erreur relative du quotient est $\frac{\delta}{B - \delta}$ plus grande que $\frac{\delta}{B}$.

Dans ces deux derniers cas, l'erreur relative du quotient, différant de l'erreur relative du diviseur d'une très-petite valeur, peut être regardée comme *sensiblement* égale à l'erreur relative du diviseur. Cette différence est $\dfrac{\delta^2}{B(B+\delta)}$ dans le premier cas, et $\dfrac{\delta^2}{B(B-\delta)}$ dans le second.

9° *Lorsque le dividende et le diviseur sont approchés par excès, l'erreur relative du quotient est plus petite que la différence des erreurs relatives des deux nombres.*

Soient $A+\alpha$ et $B+\delta$ les nombres approchés par excès, l'erreur vraie du quotient est $\dfrac{A}{B} - \dfrac{A+\alpha}{B+\delta}$ en plus ou en moins selon que $\dfrac{A}{B}$ vaut plus ou vaut moins que $\dfrac{\alpha}{\delta}$. Cette erreur est donc $\dfrac{A\delta - B\alpha}{B(B+\delta)}$ ou $\dfrac{AB\left(\dfrac{\delta}{B} - \dfrac{\alpha}{A}\right)}{B(B+\delta)}$; l'erreur relative du quotient est donc $\left(\dfrac{\delta}{B} - \dfrac{\alpha}{A}\right) \cdot \dfrac{B}{B+\delta}$ plus petite que $\dfrac{\delta}{B} - \dfrac{\alpha}{A}$.

10° *Lorsque le dividende et le diviseur sont approchés par défaut, l'erreur relative du quotient est plus grande que la différence des erreurs relatives des deux nombres.*

Car $\dfrac{A-\alpha}{B-\delta} - \dfrac{A}{B}$, qui est l'erreur vraie du quotient en plus ou en moins selon que $\dfrac{A}{B}$ vaut plus ou moins que $\dfrac{\alpha}{\delta}$, revient à $\dfrac{A\delta - B\alpha}{B(B-\delta)}$ ou $\dfrac{AB\left(\dfrac{\delta}{B} - \dfrac{\alpha}{A}\right)}{B(B-\delta)}$; par conséquent l'erreur relative vaut $\left(\dfrac{\delta}{B} - \dfrac{\alpha}{A}\right) \cdot \dfrac{B}{B-\delta}$ plus grande que $\dfrac{\delta}{B} - \dfrac{\alpha}{A}$.

Dans ces deux derniers cas, l'erreur relative du quotient différant très-peu de la différence des erreurs relatives des deux nombres, peut être considérée comme *sensiblement* égale à la différence des deux erreurs relatives. Car dans le premier cas elle diffère de $\left(\dfrac{\delta}{B} - \dfrac{\alpha}{A}\right) \cdot \dfrac{\delta}{B+\delta}$, et dans le second de $\left(\dfrac{\varepsilon}{B} - \dfrac{\alpha}{A}\right) \cdot \dfrac{\varepsilon}{B-\varepsilon}$. (Il faut faire attention que α et ε sont très-petits par rapport à A et à B).

11° *Lorsque le dividende est approché par défaut et le diviseur par excès, l'erreur relative du quotient est plus petite que la somme des erreurs relatives des deux nombres.*

Soient A—α et B+ε les deux nombres approchés, l'un par défaut, l'autre par excès. L'erreur vraie du quotient est

$$\dfrac{A}{B} - \dfrac{A-\alpha}{B+\varepsilon} \text{ ou } \dfrac{A\varepsilon + B\alpha}{B(B+\varepsilon)}, \text{ ou bien } \dfrac{AB\left(\dfrac{\varepsilon}{B} + \dfrac{\alpha}{A}\right)}{B(B+\varepsilon)} ;$$

et par conséquent l'erreur relative est $\left(\dfrac{\varepsilon}{B} + \dfrac{\alpha}{A}\right) \cdot \dfrac{B}{B+\varepsilon}$ plus petite que $\dfrac{\varepsilon}{B} + \dfrac{\alpha}{A}$.

12° *Lorsque le dividende est approché par excès et le diviseur par défaut, l'erreur relative du quotient est plus grande que la somme des erreurs relatives des deux nombres.*

Soient A+α et B—ε les deux nombres approchés, le premier par excès et le second par défaut; l'erreur vraie du quotient est $\dfrac{A+\alpha}{B-\varepsilon} - \dfrac{A}{B}$ ou $\dfrac{B\alpha + A\varepsilon}{B(B-\varepsilon)}$, ou encore $\dfrac{AB\left(\dfrac{\alpha}{A} + \dfrac{\varepsilon}{B}\right)}{B(B-\varepsilon)}$,

et par conséquent l'erreur relative du quotient est $\left(\dfrac{\alpha}{A} + \dfrac{\varepsilon}{B}\right) \cdot \dfrac{B}{B-\varepsilon}$ plus grande que $\dfrac{\alpha}{A} + \dfrac{\varepsilon}{B}$.

Dans ces deux derniers cas, comme l'erreur relative du quotient diffère très-peu de la somme des deux erreurs relatives, on peut la considérer comme *sensiblement* égale à la somme des deux erreurs relatives. Dans le premier cas elle diffère de $\left(\dfrac{\alpha}{A} + \dfrac{\varepsilon}{B}\right) \cdot \dfrac{\varepsilon}{B+\varepsilon}$, et dans le second elle diffère de $\left(\dfrac{\alpha}{A} + \dfrac{\varepsilon}{B}\right) \cdot \dfrac{\varepsilon}{B-\varepsilon}$.

19. Connaissant la limite de l'erreur relative que doit avoir

le produit de plusieurs nombres que l'on ne peut obtenir qu'approximativement, trouver la limite de l'erreur relative que doit avoir chaque nombre.

Il faut diviser la limite de l'erreur relative du produit par le nombre de facteurs que l'on ne peut obtenir qu'approximativement, en ayant soin de les approcher tous dans le même sens. Car l'erreur relative du produit de plusieurs nombres approchés dans le même sens étant égale *sensiblement* à la somme des erreurs relatives des facteurs approchés, si λ est une limite de l'erreur relative du produit des n facteurs, il suffira que l'erreur relative de chaque facteur soit moindre que $\dfrac{\lambda}{n}$ pour que λ limite de l'erreur relative du produit soit une quantité plus grande que la somme des erreurs relatives des facteurs du produit; donc il faut prendre $\dfrac{\lambda}{n}$ pour limite de l'erreur relative de chaque facteur.

20. Avant d'appliquer ce qui précède à un exemple, il faut résoudre la question suivante : *Combien faut-il prendre de chiffres exacts sur la gauche d'un nombre* A, *pour que l'erreur relative soit moindre que* $\dfrac{1}{p}$, p *étant un nombre entier.*

RÈGLE. — Il faut prendre autant de chiffres qu'il y en a dans p ou un de plus, selon que le nombre formé en prenant sur la gauche de A autant de chiffres qu'il y en a dans p est plus grand ou plus petit que p. En effet soit k le nombre ainsi formé, il est clair que l'erreur relative est plus petite que $\dfrac{1}{k}$, et pour qu'elle soit moindre que $\dfrac{1}{p}$, il faut que $\dfrac{1}{k}$ soit au plus égal à $\dfrac{1}{p}$, et, par conséquent, que k soit au moins égal à p. Donc si k est plus grand que p, il suffira de prendre sur la gauche de A autant de chiffres qu'il y en a dans p, et si k est plus petit que p, il faudra prendre sur la gauche de A autant de chiffres plus un qu'il y en a dans p.

Cela posé, soit à calculer le produit $\sqrt[3]{137} \times \sqrt[2]{43} \times \pi$ à moins d'une unité du cinquième chiffre à gauche. L'erreur relative du produit doit donc être plus petite que $\frac{1}{10000}$, par conséquent l'erreur relative de chaque facteur doit être plus petite que le tiers de $\frac{1}{10000}$, c'est-à-dire plus petite que $\frac{1}{30000}$. Or le premier chiffre à gauche du premier facteur $\sqrt[3]{137}$ est un 5, plus grand que le premier chiffre 3 du dénominateur; donc le premier facteur doit être calculé à moins d'une unité du cinquième chiffre à gauche, il faut donc prendre $\sqrt[3]{137}$ à 0,0001 près, de même pour le second et le troisième facteurs. En opérant ainsi, on trouve pour le résultat 106,19543 .....; et, en calculant avec les logarithmes, on trouve 106,1994 .....; on voit que les cinq premiers chiffres à gauche sont exacts.

Si l'on veut avoir $\left(\sqrt[3]{137}\right)^7$ à moins d'une unité du sixième chiffre à gauche, il suffit que l'erreur relative du résultat soit moindre que $\frac{1}{100000}$. Comme il y a sept facteurs dans le produit, il faut que l'erreur de chaque facteur soit moindre que $\frac{1}{700000}$. Or le premier chiffre du facteur est 5, donc il faut prendre les sept premiers chiffres à gauche de $\sqrt[3]{137}$, ou calculer cette racine à moins de 0,000001.

21. Connaissant une limite de l'erreur relative du quotient de deux nombres que l'on ne peut obtenir qu'approximativement, trouver la limite de l'erreur relative de chaque nombre.

1° *Si les deux nombres doivent être approchés dans le même sens, il faut prendre pour chaque nombre la limite de l'erreur relative du résultat.* En effet, dans ce cas, l'erreur relative du quotient est sensiblement égale à la différence des erreurs relatives du dividende et du diviseur; donc si l'erreur relative de chaque nombre est moindre que la limite donnée pour le quotient, à plus forte raison la différence sera plus petite que cette limite.

Par exemple, on veut avoir le quotient de $\sqrt[3]{637}$ par $\sqrt[2]{5,243}$ à 0,001 près; il faut donc que l'erreur soit moindre qu'une unité du quatrième chiffre à gauche, et comme le premier chiffre à gauche est 4, l'erreur relative du quotient doit être moindre que $\frac{1}{4000}$. En prenant le dividende et le diviseur par défaut, il suffit que l'erreur relative de chaque nombre soit moindre que $\frac{1}{4000}$; comme le premier chiffre du dividende est un 9 plus grand que 4, il suffira d'avoir les quatre premiers chiffres à gauche de $\sqrt[3]{637}$, et comme le premier chiffre de $\sqrt[2]{5,243}$ est un 2 plus petit que 4, il suffit d'avoir les cinq premiers chiffres à gauche de $\sqrt[2]{5,243}$; il faut donc calculer $\sqrt[3]{637}$ à moins de 0,001 près et $\sqrt[2]{5,243}$ à moins de 0,0001 près.

2° *Si les deux nombres doivent être approchés en sens contraires, il faut prendre pour chaque nombre la moitié de la limite donnée pour l'erreur relative du quotient.*

En effet, dans ce cas, l'erreur relative du quotient est sensiblement égale à la somme des deux erreurs relatives; donc si chaque erreur relative est moindre que la moitié de la limite donnée pour le quotient, la somme des deux erreurs relatives sera moindre que la limite donnée pour l'erreur relative du quotient.

Ainsi, dans l'exemple précédent, si le dividende doit être pris par excès et le diviseur par défaut, il suffira que l'erreur relative de chaque nombre soit moindre que la moitié de $\frac{1}{4000}$, c'est-à-dire moindre que $\frac{1}{8000}$; donc il faudra quatre chiffres pour le dividende et cinq chiffres pour le diviseur.

MULTIPLICATION ABRÉGÉE.

22. Lorsque les deux facteurs d'un produit ont plusieurs chiffres décimaux, le produit, d'après la théorie, doit avoir autant de chiffres décimaux qu'il y en a dans les deux facteurs ; mais rarement dans la pratique on les garde tous, on rejette ordinairement tous ceux qui expriment des unités décimales plus petites que l'unité décimale désignée pour le degré d'approximation du produit. Alors on suit une méthode par laquelle on évite de calculer les chiffres que l'on veut négliger au produit. Cette méthode est dite *Méthode abrégée de la multiplication.* Elle est fondée sur cette remarque sur la multiplication, *si l'on diminue un facteur d'un produit d'un certain nombre, le produit est diminué du produit de ce nombre par l'autre facteur.* Ainsi, en supposant le multiplicande composé de $A + a$ et c un chiffre du multiplicateur ; en ne multipliant que A par c, on fait une erreur qui vaut ac ; et si l'on veut que cette erreur soit moindre qu'une unité décimale du $n^{ième}$ ordre, il suffira que ac soit moindre qu'une unité de cet ordre ou que a soit moindre que $\dfrac{\frac{1}{10^n}}{c}$, et comme c ne peut dépasser 9, il suffira toujours que a soit moindre que $\dfrac{\frac{1}{10^n}}{10}$ ou $\dfrac{1}{10^{n+1}}$, c'est-à-dire une unité décimale du $(n+1)^{ième}$ ordre.

Cela posé, si le multiplicateur n'a pas plus de dix chiffres significatifs, pour que l'erreur sur le produit total soit moindre qu'une unité décimale du $n^{ième}$ ordre, il suffira que l'erreur sur chaque produit partiel soit moindre qu'une unité décimale du $(n+1)^{ième}$ ordre. Par conséquent, quand on multipliera par le chiffre des unités simples du multiplicateur, il suffira d'abandonner au multiplicande tous les chiffres à droite de celui qui est au $(n + 2)^{ième}$ rang. Quand le chiffre du multiplicateur exprimera des unités 10, 100, 1000, etc. fois plus grandes ou plus petites que les unités simples, il faudra commencer par le chiffre du multiplicande qui est un, ou deux, ou trois rangs à droite ou à gauche du chiffre qui est au $(n + 2)^{ième}$ ordre décimal. Ce qui revient à calculer dans chaque produit partiel des unités décimales cent fois plus petites que l'unité décimale désignée pour le degré d'approximation du produit.

25. De là la règle mécanique : *On écrit les chiffres du multiplicateur dans un ordre inverse, en plaçant le chiffre des unités simples sous le chiffre du multiplicande qui représente des unités cent fois plus petites que celles que l'on veut avoir au produit. Si certains chiffres du multiplicateur, après les avoir mis dans un ordre inverse, n'avaient pas de correspondants dans le multiplicande, on écrirait à la droite du multiplicande assez de zéros pour que chaque chiffre du multiplicateur, après avoir changé l'ordre, eût un correspondant dans le multiplicande. On multiplie ensuite comme à l'ordinaire en allant de droite à gauche, et à chaque produit partiel on commence par le chiffre du multiplicande placé au-dessus du chiffre multiplicateur; et on écrit les produits partiels les uns sous les autres de manière que les premiers chiffres à droite soient dans la même colonne verticale. On fait ensuite l'addition, on supprime les deux premiers chiffres de droite et on augmente le troisième d'une unité en ayant soin de placer la virgule de manière qu'il y ait n chiffres à droite. Le nombre ainsi obtenu donne le produit approché à une unité décimale du $n^{ième}$ ordre en plus ou en moins.*

EXEMPLE. Trouver le produit de 347,548327 par 49,7283564
à 0,001 près. Comme il y a moins de dix produits partiels, il faut calculer chaque produit
partiel de manière que le premier chiffre
à droite soit des cent-millièmes.

Ainsi, en commençant par la gauche du
multiplicateur, comme le 4 est au rang des
dizaines, il faudra commencer par le chiffre
du multiplicande qui exprime des unités dix
fois moindres que les cent-millièmes ; ce
premier produit partiel est exact, puisqu'on
a multiplié tous les chiffres du multiplicande.
Pour multiplier par le chiffre 9 des unités
simples du multiplicateur, il suffit de commencer par le chiffre des cent-millièmes du

```
     347,548327
     465 382794
   1390193308
    312793488
     24328381
       695096
       278032
        10425
         1735
          204
           12
   ─────────────
   17283,00681
```

multiplicande ; ce second produit partiel s'écrit sous le premier au même rang, mais il n'est pas exact ; il ne contient
pas le produit de 7 millionièmes par 9 unités ; son erreur est
donc plus petite que 9 cent-millièmes. Pour multiplier par le
chiffre 7 des dixièmes du multiplicateur, il suffit de commencer par le chiffre des dix-millièmes du multiplicande. Ce
troisième produit partiel, étant encore un nombre de cent-
millièmes, s'écrit sous le second et au même rang, mais il
n'est pas exact ; il ne contient pas le produit des 27 millionièmes qui valent moins qu'un dix-millième par 7 dixièmes ;
l'erreur de ce troisième produit partiel est donc plus petite que
7 cent-millièmes. En passant au chiffre 2 des centièmes du
multiplicateur, il sera facile de reconnaître qu'il suffit de
commencer au chiffre des millièmes du multiplicande (parce
qu'on veut que le premier chiffre du produit soit au rang des
cent-millièmes), et le quatrième produit s'écrit sous le troisième au même rang, et son erreur est moindre que 2 cent-
millièmes, parce qu'elle est le produit de 327 millionièmes
moindres que 1 millième par 2 centièmes. Ainsi de suite, on
reconnaît aisément qu'en passant à un chiffre du multiplicateur plus avancé vers la droite, il faut commencer par un

chiffre du multiplicande plus avancé vers la gauche, et chaque produit partiel doit s'écrire sous le précédent et au même rang, et son erreur est plus petite que le chiffre du multiplicateur avec lequel on l'a obtenu, et ce chiffre exprimant des unités du même ordre que le produit partiel. Évidemment, la somme des produits partiels 17283,00681 est un nombre plus petit que le produit des deux nombres proposés, et l'erreur, étant la somme des erreurs faites sur les produits partiels, est moindre que 9 cent-millièmes, plus 7 cent-millièmes, plus etc........ , plus petite que la somme des chiffres du multiplicateur, cette somme exprimant des cent-millièmes, ainsi plus petite que 48 cent-millièmes. En ajoutant 48 cent-millièmes au nombre obtenu, on a 17283,00729 plus grand que le produit exact; donc le produit exact est compris entre 17283,00681 et 17283,00729, à plus forte raison, il est compris entre le nombre obtenu 17283,00681 et le nombre trouvé en augmentant ce nombre de 0,001 ou 17283,00781; par conséquent, tout nombre pris entre ces deux derniers doit différer du produit exact de moins de 0,001; donc 17283,007 est le produit approché à moins de 0,001. Donc il faut supprimer deux chiffres à la droite du produit calculé et augmenter d'une unité le dernier chiffre conservé. Quand le nombre obtenu en ajoutant au produit calculé la somme des chiffres du multiplicateur, a le même troisième chiffre que le produit calculé, le nombre formé pour le produit approché est par excès; dans le cas contraire, on ne sait pas s'il est par excès ou par défaut.

24. Dans la pratique, il est plus commode de renverser l'ordre des chiffres du multiplicateur, en ayant soin d'écrire le chiffre des unités simples du multiplicateur sous celui du multiplicande qui exprime des unités décimales cent fois plus petites que celles que l'on veut avoir au produit. Puis à chaque multiplication partielle, on commence par le chiffre du multiplicande immédiatement au-dessus du chiffre du multiplicateur. Si au-dessus de ce dernier il n'y avait aucun chiffre du multiplicande, on mettrait un zéro dans le cas où ce serait à la droite du multiplicande; ce serait inutile, si cela se passait à gauche du multiplicande.

— Exemple. Si l'on voulait le produit de 437,87698 par 413,94876536 à un centième près. En admettant que tous les chiffres du multiplicateur soient employés, l'erreur du produit trouvé doit être moindre, comme on l'a vu, que la somme des chiffres du multiplicateur, exprimant des unités décimales du même ordre que celles que l'on veut avoir au produit. Or, dans cet exemple, la somme des chiffres du multiplicateur est plus petite que 100; donc il suffit de calculer des unités cent fois plus petites que les centièmes, c'est-à-dire des dix-millièmes. A cet effet, on renverse le multiplicateur en écrivant le chiffre 3 des unités simples sous le chiffre 9 du multiplicande, ce qui donne

$$\begin{array}{l} 437,87698 \\ \overline{63567\ 849322} \end{array}.$$ Comme à la droite il y a un chiffre du multiplicateur qui ne correspond à aucun chiffre du multiplicande, on écrit un zéro à la droite du multiplicande. En général, il faut écrire autant de zéros qu'il y a de chiffres du multiplicateur sans correspondant à la droite du multiplicande. Ensuite on suit la règle établie. Quant aux chiffres du multiplicateur qui sont sans correspondant sur la gauche du multiplicande, on les néglige dans le calcul. Dans ce dernier cas, l'erreur du produit est plus petite que le nombre trouvé en faisant la somme des chiffres du multiplicateur qui ont des correspondants dans le multiplicande, excepté celui qui est sous le premier chiffre à droite du multiplicande, et cette somme, augmentée du chiffre qui a une unité de plus que le dernier chiffre à gauche du multiplicande.

En effet, dans l'exemple proposé, les deux premiers produits partiels sont sans erreur, puisque aucun chiffre du multiplicande n'a été négligé; les neuf suivants ont chacun une erreur, et la somme de ces erreurs est moindre que la somme des chiffres du multiplicateur avec lesquels on les obtenus, c'est-à-dire moindre que 42 dix-millièmes; ensuite, en négligeant les deux derniers chiffres du multiplicateur 3 et 6, on fait une nouvelle erreur qui est le produit de tout le multiplicande par les valeurs relatives de ces deux chiffres ; or tout le multiplicande est moindre que 5 centaines, et les valeurs relatives des deux chiffres négligés 3 et 6 ensemble valent moins que 1 millionième ; donc l'erreur nouvelle est moindre que $500 \times 0{,}000001$ ou 5 dix-millièmes ; donc l'erreur totale est moindre que $(42 + 5)$ dix-millièmes.

Comme le produit ne change pas en mettant le multiplicande à la place du multiplicateur, l'erreur est aussi moindre que la somme des chiffres du multiplicande. Si cette somme est moindre que le nombre formé en suivant la règle ci-dessus, il sera préférable de prendre la somme des chiffres du multiplicande pour limite de l'erreur.

EXEMPLE. Soit à multiplier $417{,}58321$ par $19{,}79879635$ à $0{,}01$ près ; d'après la règle, il faudrait disposer le calcul de la manière suivante :

$$\frac{\begin{array}{c} 417{,}58321 \\ 53697\ 89791 \end{array}}{\ }, \text{ alors l'erreur serait plus petite que}$$

$(9+7+9+8+7+9+6+5)$ ou 60 dix-millièmes.

mais si l'on disposait le calcul de la manière suivante :

$$\frac{\begin{array}{c} 19{,}79879635 \\ 12\ 385714 \end{array}}{\ }, \text{ l'erreur serait plus petite que}$$

$(4+1+7+5+8+3+2+1)$ ou 31 dix-millièmes ; il vaudrait mieux prendre pour limite de l'erreur 31 dix-millièmes, c'est-à-dire la somme des chiffres du multiplicande.

DIVISION ABRÉGÉE.

25. Lorsque le quotient de la division de deux nombres doit avoir un grand nombre de chiffres décimaux, on se contente le plus souvent dans les applications d'un très-petit nombre de ces chiffres décimaux ; aussi on se dispense de calculer ceux que l'on ne veut pas conserver. Ainsi, si on voulait jusqu'aux millièmes inclusivement le quotient de

367,5839748 par 43,732689, on diviserait 367583974,8 par 43732689; on pousserait le calcul jusqu'au quatrième chiffre, ensuite on séparerait par une virgule trois chiffres à droite et on aurait le quotient tel qu'on l'a demandé.

Mais il est facile de reconnaître que certains chiffres à la droite du dividende et certains chiffres à la droite du diviseur ne concourent pas à la détermination des quatre chiffres du quotient. Car, en prenant 367,5839 pour le dividende et 43,7326 pour le diviseur, on trouve les quatre premiers chiffres du quotient demandé, on trouve 8,405; donc, pour déterminer ce nombre, il y a trois chiffres inutiles à la droite du dividende et deux chiffres à la droite du diviseur.

A la suite de ces remarques on a cherché un procédé tel qu'on pût avoir les chiffres demandés au quotient en écartant du calcul le plus grand nombre possible de chiffres du dividende et du diviseur; ce qui doit abréger l'opération. Ce procédé est ce qu'on nomme *la méthode abrégée de la division*, ou *la division abrégée*.

26. Lorsque le diviseur est plus grand que 10, il est clair qu'en abandonnant à la droite du dividende tous les chiffres qui expriment des unités décimales plus petites que l'unité décimale proposée pour l'approximation du quotient, on diminue le quotient d'une partie plus petite qu'un dixième de cette unité. Ainsi, dans l'exemple proposé, en prenant 367,583 pour dividende, les quatre premiers chiffres du quotient ne sont pas altérés.

Si le carré de la partie entière du diviseur est plus grand que le dividende, en abandonnant au diviseur les chiffres qui sont à droite de celui qui exprime des unités décimales du même ordre que l'unité décimale proposée pour le degré d'approximation du quotient, on augmente le quotient de moins d'une unité décimale d'approximation; ainsi en prenant 43,732 pour diviseur, le quotient est augmenté de moins de 0,001. Donc en divisant 367,583 par 43,732, le quotient est diminué de moins de 0,0001 et augmenté de moins 0,001, il est donc altéré de moins de 0,001 ou en plus ou en moins;

6

on est donc sûr d'avoir les quatre premiers chiffres exacts.

27. On peut dans chaque exemple de division trouver quels sont les chiffres qu'on peut laisser au dividende et au diviseur sans altérer les chiffres demandés au quotient. Avec l'habitude du calcul, on les reconnaît facilement. Mais on a cherché une règle générale et applicable à tous les cas.

28. Or on sait que *lorsqu'on diminue le diviseur d'un certain nombre δ, on augmente le quotient dans le rapport de ce certain nombre δ au diviseur tronqué,* c'est-à-dire *que l'augmentation du quotient est le produit de ce quotient par le rapport de ce certain nombre δ au diviseur tronqué.*

Ainsi, si le diviseur est 43,732689 et qu'on le remplace par 43,732, l'augmentation que subit le quotient est le produit de ce quotient par le rapport $\dfrac{0,000689}{43,732}$ ou $\dfrac{689}{43732000}$.

Pour généraliser soit Q le quotient exact, δ le nombre retranché au diviseur et d le diviseur altéré; l'augmentation du quotient a pour expression $Q \cdot \dfrac{\delta}{d}$.

Il faut remarquer que δ, nombre formé des chiffres que l'on veut supprimer à la droite du diviseur, vaut moins qu'une unité du dernier chiffre à droite du nombre d (dans l'exemple ci-dessus, δ est 0,000689 et d vaut 43,732, on voit que δ vaut moins que un millième), donc $\delta < 1_{(\mu)}$ (μ étant le nom de l'unité du dernier chiffre à droite de d). De plus, soit c le premier chiffre à droite de d et soit $m + 1$ le nombre de ses chiffres, alors $d > c \cdot 10^m{}_{(\mu)}$, par suite l'augmentation du quotient ou $\alpha < Q \cdot \dfrac{1_{(\mu)}}{c \cdot 10^m{}_{(\mu)}}$ ou $\alpha < \dfrac{Q}{c \cdot 10^m}$.

Il est clair que α, d'après cette formule, est moindre qu'une unité du $m^{\text{ième}}$ chiffre à partir de la gauche du quotient.

Car soit a le premier chiffre à gauche de Q, soit (ω) le nom de l'unité du $m^{\text{ième}}$ chiffre; en augmentant le premier chiffre a d'une unité et remplaçant les $m - 1$ autres par des zéros, on a la valeur $(a + 1) \cdot 10^{m-1}{}_{(\omega)}$ plus grande que le quotient, donc $\alpha < \dfrac{(a+1)\cdot 10^{m-1}{}_{(\omega)}}{c\cdot 10^m}$ ou en simplifiant

$\alpha < \dfrac{(a+1){}_{(\omega)}}{c\cdot 10}$; or en admettant pour a la plus grande valeur possible 9 et pour c la plus petite valeur possible 1, on a encore $\alpha < 1_{(\omega)}$; donc dans tous les cas, en prenant sur la gauche du diviseur autant de chiffres plus un qu'on veut en avoir au quotient, on augmente le quotient de moins d'une unité du dernier chiffre demandé.

29. Si l'on voulait borner là l'abréviation pour le diviseur, il faudrait établir la règle suivante : *Prendre sur la gauche du diviseur autant de chiffres plus un qu'on veut en avoir au quotient et sur la gauche du dividende un nombre contenant le diviseur tronqué, mais le contenant moins de dix fois, puis à la suite autant de chiffres moins un qu'on veut en avoir au quotient, puis faire la division comme à l'ordinaire*, et si l'on abandonnait ainsi quelques chiffres du dividende, cette altération diminuerait l'erreur du quotient.

Mais après avoir déterminé le premier chiffre du quotient, si l'on veut encore altérer le diviseur, on apportera une nouvelle augmentation au quotient, et si après chaque chiffre trouvé au quotient, on veut de nouveau altérer le diviseur, on donne chaque fois une augmentation de plus au quotient; il est vrai, chaque augmentation est plus petite qu'une unité du dernier chiffre du quotient, mais comme il y en a autant que de chiffres trouvés au quotient, leur somme peut dépasser une unité du dernier chiffre du quotient, d'autant plus facilement qu'on doit avoir plus de chiffres au quotient.

On pourrait bien établir les différents cas où cette règle suffirait; ainsi quand le premier chiffre du diviseur serait plus petit que le premier chiffre du quotient, et qu'on aurait moins de dix chiffres à calculer pour le quotient, la règle serait suffisante.

Elle suffirait encore lorsque le nombre des chiffres à trouver pour le quotient serait plus petit que le décuple du premier chiffre du quotient divisé par le chiffre qui a une unité de plus que le premier à gauche du diviseur.

30. Mais pour éviter cette distinction de cas et pour avoir une règle applicable même dans les cas les plus extraordinaires de la division, *on doit prendre sur la gauche du diviseur deux chiffres de plus qu'on doit en avoir au quotient.*

En effet, soit m le nombre de chiffres à trouver pour le quotient, alors d le diviseur tronqué doit avoir $m+2$ chiffres ; désignons par c et f les deux premiers chiffres de ce diviseur, il est clair que d unités du $(m+2)^{ième}$ ordre valent au moins autant que $cf.10^m$ unités du même ordre, et comme δ (partie supprimée au diviseur) est moindre qu'une unité du $(m+2)^{ième}$ ordre,

$$\frac{\delta}{d} < \frac{1}{cf.10^m};$$

mais $Q < 10^m$ (unités du $m^{ième}$ ordre), donc

$$\frac{\delta}{d} \cdot Q < \frac{10^m \,(\text{unités du } m^{ième} \text{ ordre})}{cf.10^m}$$

ou

$$\alpha < \frac{1 \,(\text{unité du } m^{ième} \text{ ordre})}{cf};$$

le nombre cf qui a deux chiffres vaut au moins 10, donc l'augmentation du quotient est toujours moindre qu'une unité du $(m+1)^{ième}$ ordre à partir de la gauche du quotient ; et comme généralement il n'y a pas plus de dix chiffres à calculer pour le quotient, on peut à chaque division partielle altérer le diviseur sans craindre que la somme des augmentations données au quotient dépasse une unité du $m^{ième}$ ordre.

Pour que la règle ne fût pas applicable en prenant deux chiffres de plus au diviseur qu'au quotient, il faudrait que le nombre de chiffres du quotient fût plus grand que le nombre cf formé par les deux premiers chiffres du diviseur, ce qui n'est pas présumable.

31. La règle générale est donc : *on prend sur la gauche du diviseur autant de chiffres plus deux qu'on doit en avoir au quotient, on a ainsi le premier diviseur : sur la gauche du dividende on prend assez de chiffres pour avoir au moins une fois le diviseur et au plus neuf fois, ce qui donne le premier dividende. On fait la division comme à l'ordinaire, ce qui donne le premier chiffre du quotient et un reste ; ce reste est* *le second dividende, et le second diviseur est le nombre qu'on obtient en supprimant le premier chiffre à droite du premier diviseur. On divise le deuxième dividende par le deuxième diviseur et l'on obtient le deuxième chiffre du quotient. Ainsi de suite ; chaque reste est le dividende suivant, et pour avoir le diviseur correspondant on efface le dernier chiffre à droite du dernier diviseur. On continue jusqu'à ce qu'on ait obtenu tous les chiffres du quotient.*

Le nombre écrit au quotient est à une unité du dernier chiffre près, par défaut ou par excès, le quotient des nombres proposés.

EXEMPLE. Trouver le quotient de 367,5839748 par 43,732689 à 0,001 près. Évidemment le quotient demandé est compris entre 1 et 10 ; il a donc un chiffre dans la partie entière, et comme on demande jusqu'aux millièmes compris, on doit calculer quatre chiffres.

Le premier diviseur, d'après la règle, doit donc se composer des six premiers chiffres à gauche du diviseur, soit 43,7326 ; le premier dividende doit être 367,5839. Cette première division donne 8 pour le premier chiffre du quotient ; en retranchant du dividende le produit du diviseur par le chiffre 8, on trouve 17,7231 pour reste.

Si l'on continuait la division comme à l'ordinaire, c'est-à-dire en descendant le chiffre suivant du dividende à la droite du reste et divisant par le même diviseur 43,7326, ainsi de suite, on aurait un quotient augmenté de moins de $\frac{1}{43}$ de l'unité du quatrième chiffre, et par conséquent l'augmentation du quotient serait moindre qu'une unité du cinquième chiffre. Mais on altère de nouveau le diviseur en ne prenant pas le dernier chiffre 6, alors le quotient de 17,7231748 par 43,7326, dont on doit calculer les trois premiers chiffres, étant remplacé par celui de 17,7231748 par 43,732, est augmenté de moins de $\frac{1}{43}$ de l'unité du troisième chiffre, par suite l'augmentation est moindre qu'une unité du quatrième chiffre, c'est-à-dire moindre qu'une unité du cinquième chiffre du quotient total, par conséquent on peut prendre pour second diviseur 43,732 sans altérer les quatre premiers chiffres. Le second dividende doit être 17,7231, et le second chiffre du quotient 4 exprimant des dixièmes; le reste correspondant est 0,2303 suivi des autres chiffres du dividende.

Avant de calculer le troisième chiffre, on altère une troisième fois le diviseur en ne prenant pas le premier chiffre 2 à droite du second diviseur. Alors une nouvelle augmentation survient dans le quotient, et comme on ne doit calculer que le troisième et le quatrième chiffre du quotient complet, l'augmentation est moindre que $\dfrac{1}{43}$ de l'unité du deuxième de ces deux chiffres à calculer, c'est-à-dire moindre qu'une unité du cinquième chiffre du quotient complet. Ainsi en prenant 43,73 pour troisième diviseur, les chiffres demandés ne sont pas faussés: le troisième dividende doit être 0,2303 et le troisième chiffre du quotient doit être 0 au rang des centièmes, le reste est 0,2303. Pour la dernière division, on prend 43,7 pour diviseur, ce qui augmente encore le quotient de moins d'une unité du cinquième chiffre; le dividende pour cette division doit être 0,2303, et l'on trouve pour le quatrième chiffre du quotient 5 pour les millièmes. De cette manière on trouve 8,405 pour le quotient, avec le reste 8,0118 suivi des chiffres du dividende qui n'ont pas servi.

Par conséquent 8,405 diffère du vrai quotient de moins de 0,001. Car ce nombre résulte de quatre augmentations qu'on a fait subir au vrai quotient en altérant le diviseur à chaque division partielle: chaque augmentation étant moindre que 0,0001, l'augmentation totale est moindre que 0,0004. Ensuite en abandonnant le reste 0,0118 et les chiffres du dividende qui n'ont pas été employés, on a diminué le quotient d'abord du quotient de 0,0118 par 43,7 qui vaut moins que 0,0003; on l'a diminué encore du quotient de 0,0000718 divisé par 43,732689, quotient qui est évidemment plus petit que 0,000002; la diminution totale est donc moindre que 0,000302, d'autre part l'augmentation est moindre que 0,0004 ; donc l'erreur est moindre que 0,001.

32. *Il est très-facile de s'affranchir tout de suite de la virgule soit dans le diviseur, soit dans le dividende.*

D'abord en prenant pour dividende un nombre mille fois plus grand que 367,5839748, on ramène la question à celle-ci : trouver le quotient de 367583,9748 par 43,732689 à une unité près, ce qui ne change pas les chiffres du quotient. Après, ayant reconnu qu'il suffisait de prendre 43,7326 pour premier diviseur, on pouvait reculer la virgule de quatre rangs à droite dans le dividende et dans le diviseur, ce qui donne à diviser 3675839748 par 437326,89 et calculer le quotient à une unité près. La première division à faire est celle de 3675839 par 437326, la seconde division est celle de 177231 par 43732, la troisième celle de 2303 par 4373 et la quatrième celle de 2303 par 437 ; le nombre trouvé au quotient est 8405 ; en séparant trois chiffres à droite par une virgule, on a 8,405 pour le quotient demandé.

33. On peut démontrer *à posteriori* que le nombre 8405 obtenu en suivant la règle énoncée est le quotient des nombres 3675839748 et 437326,89 à une unité près.

En effet, il faut remarquer qu'après la première division partielle qui a donné le chiffre 8 au rang des mille, on n'a pas retranché du dividende le produit de tout le diviseur par ce chiffre ; on a négligé de multiplier la partie 0,89 par 8. On a donc retranché du dividende un nombre plus faible qu'il ne fallait et plus faible de moins de 8000 ; après le calcul du second chiffre du quotient, 4, on n'a pas multiplié tous les chiffres du diviseur par 4, on a négligé 6,89 ; comme le 4 est au rang des centaines, on a diminué le produit du diviseur par 4 centaines de moins de 4000 ; on a retranché du dividende un nombre trop faible de moins de 4000. Comme le troisième chiffre calculé est zéro, il n'y a pas de nouvelle altération. Après le quatrième chiffre 5, on a négligé de multiplier les chiffres 326,89 par 5, on a donc diminué le nombre à retrancher du dividende de moins de 5000 ; donc, dans l'opération qu'on a exécutée, on a retranché du dividende un nombre trop faible et trop faible de moins de 8000, plus 4000, plus 5000, c'est-à-dire moindre que 17000. Le reste obtenu est 118 suivi des chiffres négligés au dividende, c'est-à-dire 118748. Il suit de là que si l'on retranchait ce reste 118748 du dividende, on aurait un nombre 3675721000 qui serait le produit altéré du diviseur par le nombre 8405; mais en ajoutant à ce nombre 3675721000 la diminution qu'on a fait subir au produit du diviseur par 8405, diminution qui est plus petite que 17000, on aurait le nombre qui contient exactement 8405 fois le diviseur. Ainsi pour avoir 8405 fois le diviseur, il faut, d'une part, diminuer le dividende de 118748, et d'une autre part, l'augmenter de moins de 17000; donc il faut le diminuer de plus de 101748; donc le dividende contient le diviseur plus de 8405 fois, mais comme il faut diminuer le dividende de moins d'une fois le diviseur, il contient le diviseur moins de 8406 fois; le quotient est donc 8405 à moins d'une unité, et par conséquent 8,405 est le quotient demandé à moins de 0,001 près.

54. *Cette démonstration consiste à remarquer que pour avoir le produit exact du diviseur par le nombre trouvé au quotient, il suffit de diminuer le dividende du reste, et d'augmenter après des produits qui ont été négligés dans la multiplication abrégée du diviseur par le nombre trouvé au quotient.* Le nombre obtenu par cette diminution et cette augmentation doit être ou plus petit que le dividende proposé ou plus grand, ou égal au dividende proposé. Il doit être plus petit si la diminution l'emporte sur l'augmentation; plus grand si la diminution est plus faible que l'augmentation; égal si la diminution est autant que l'augmentation. Dans les deux premiers cas le dividende proposé diffère du produit exact du diviseur par le nombre trouvé de moins d'une fois le diviseur; puisque la diminution est moindre que le diviseur (c'est évident comme reste de la division), et l'augmentation est aussi moindre que le diviseur; car elle est plus petite que la somme des chiffres du nombre trouvé, cette somme exprimant des unités du dernier diviseur employé; or ce dernier diviseur a trois chiffres, et la somme des chiffres du nombre trouvé en a moins. Donc le dividende proposé contient, à moins d'une fois près, autant de fois le diviseur qu'il y a d'unités dans le nombre trouvé. Ce nombre trouvé est donc le quotient à moins d'une unité.

35. *Avec l'écriture algébrique on abrége.* Soit D le dividende proposé, d le diviseur, q le nombre trouvé par l'opération exécutée en suivant la règle énoncée, R le reste de la division et p la somme des produits négligés en multipliant d par q d'après la méthode abrégée. On doit avoir

$$D - R + p = dq \text{ ou } D = dq + (R - p).$$

Or R et p étant chacun moindre que d, R $- p$ est à *fortiori* moindre que d; donc q est le quotient à unité près de D divisé par d.

Si R est plus grand que p, le nombre q est le quotient approché par défaut; si R est moindre que p, le nombre q est le quotient approché par excès. Si R est égal à p, le nombre q est le quotient exact.

Première remarque. En suivant la règle énoncée pour la division abrégée, on peut rencontrer un dividende partiel contenant dix fois le diviseur correspondant. Alors voici la règle à suivre : *On augmente d'une unité le dernier chiffre écrit au quotient et on met à la droite de ce chiffre autant de zéros qu'il reste de chiffres à calculer pour le quotient.*

Par exemple on divise 428578975 par 437326, on obtient pour les deux premiers chiffres du quotient 9 et 7, pour troisième diviseur 4373 et pour troisième dividende 43731. Ce dividende a au plus un chiffre de plus que le diviseur. En faisant la division on trouve 10 pour mettre au troisième rang du quotient, mais le reste correspondant n'a qu'un chiffre. Or, dans les divisions suivantes, ce reste qui n'a qu'un chiffre sera chaque fois le dividende et le dernier diviseur, d'après la règle de la division abrégée, doit avoir trois chiffres; donc chaque fois le dividende est plus petit que le diviseur, chaque fois le

chiffre du quotient est zéro. Donc lorsqu'on trouve un dividende contenant 10 fois le diviseur correspondant, on augmente le dernier chiffre calculé d'une unité, et on écrit à droite
autant de zéros qu'il reste de chiffres à trouver pour le quotient.

  DEUXIÈME REMARQUE. Il peut arriver que le diviseur n'ait pas
assez de chiffres pour appliquer la règle pour la division abrégée dès le début. Alors il est nécessaire de calculer par la
méthode vulgaire assez de chiffres du quotient pour que la méthode abrégée puisse être appliquée. On veut avoir le quotient de 3689724 56739 par 82768,37 à 0,0001 près; le quotient demandé devra donc avoir six chiffres. D'après la règle
abrégée, il faudrait prendre huit chiffres sur la gauche
du diviseur; c'est impossible, puisqu'il n'y en a que sept.
Alors on calcule le premier chiffre du quotient, suivant la méthode vulgaire; on calcule en-
core le second chiffre par la
même méthode, et c'est à partir du calcul du troisième chiffre
qu'on peut appliquer la méthode
abrégée, parce qu'alors le nombre à calculer au quotient n'a
que quatre chiffres, tandis que
le diviseur en a plus de six. On

$$\begin{array}{r|l} 3689724{,}56739 & \underline{82768{,}37} \\ 3889089\ 76 & 44{,}6997 \\ 57016\ 28 & \\ 8255\ 30 & \\ 806\ 18 & \\ 61\ 54 & \\ 5\ 45 & \end{array}$$

trouve de cette manière, pour l'exemple proposé, que le quotient est 44,6997 à moins de 0,0001 près.

RACINES.

  56. I. RACINE CARRÉE. — *L'erreur relative de la racine carrée
d'un nombre approché est sensiblement égale à la moitié de
l'erreur relative du nombre donné.*

  Cela étant, il est facile de démontrer qu'en prenant sur la
gauche d'un nombre plus de la moitié des chiffres de ce nombre
et remplaçant les autres par des zéros, on forme un nombre
dont la racine carrée diffère de celle du nombre proposé de

moins d'une unité. (Le nombre proposé est regardé comme un nombre entier; car s'il ne l'était pas, comme 257,368, on écrirait un zéro à droite pour avoir un nombre pair de chiffres décimaux; ensuite on ôterait la virgule et on extrairait la racine carrée de 2573680 à une unité près, et à cette racine on séparerait deux chiffres décimaux). Quel que soit le nombre proposé, la théorie ramène toujours le calcul à l'extraction de la racine carrée d'un nombre entier à moins d'une unité; mais le plus souvent les chiffres de ce nombre entier ne sont pas connus *à priori*, il faut préalablement les calculer, et c'est pour cette opération qu'on a cherché une méthode abrégée, méthode qui consiste à ne pas calculer les chiffres du nombre entier qui n'influent pas sur les chiffres que l'on veut calculer pour la racine carrée.

37. De là, la règle, *en prenant sur la gauche d'un nombre* A *plus de la moitié des chiffres de ce nombre, et en remplaçant les autres par des zéros, on n'altère pas les chiffres de la racine carrée à une unité près.*

Le nombre A peut avoir un nombre pair de chiffres ou un nombre impair.

1° A a un nombre pair de chiffres $2n$; en prenant les $(n+1)$ premiers chiffres à gauche, et remplaçant les $(n-1)$ autres par des zéros, on a un nombre A'. L'erreur relative de A' est moindre que $\dfrac{1}{c \cdot 10^n}$ (c est le premier chiffre à gauche de A comme de A'), alors l'erreur relative de $\sqrt{A'}$ est moindre que $\dfrac{1}{2c \cdot 10^n}$, donc l'erreur absolue de $\sqrt{A'}$ est moindre qu'une unité du $n^{ième}$ chiffre en partant de la gauche; donc $\sqrt{A'}$ diffère de $\sqrt{A}$ de moins d'une unité.

2° A a un nombre impair de chiffres $2n+1$; en prenant les $n+1$ premiers chiffres à gauche et remplaçant les n autres par des zéros, on a un nombre A' dont l'erreur relative est moindre que $\dfrac{1}{c \cdot 10^n}$, alors l'erreur relative de $\sqrt{A'}$ est moindre que $\dfrac{1}{2c \cdot 10^n}$; mais cette fois A' ayant un nombre impair de chiffres, la première tranche à gauche n'a qu'un chiffre et ce chiffre est au moins égal à sa racine, donc $2c$ est plus grand que le premier chiffre de la racine de A', donc l'erreur absolue de $\sqrt{A'}$ est moindre qu'une unité du $(n+1)^{i\text{ème}}$ ordre à partir de la gauche; donc $\sqrt{A'}$ diffère de $\sqrt{A}$, qui alors a $n+1$ chiffres, de moins d'une unité.

Par exemple, pour avoir la racine carrée de $\dfrac{\pi}{\sqrt{3}}$ à moins de 0,001 près, il faudrait, d'après la méthode vulgaire, calculer le quotient jusqu'au sixième chiffre décimal inclusivement; mais en ne calculant que le chiffre de la partie entière et les trois premiers chiffres décimaux, en ayant soin d'écrire trois zéros à la suite, on a un nombre approché de $\dfrac{\pi}{\sqrt{3}}$, dont la racine carrée calculée jusqu'au quatrième chiffre, en séparant les trois premiers à droite par une virgule donne un nombre qui diffère de la racine carrée de $\dfrac{\pi}{\sqrt{3}}$ de moins de 0,001. Par cette méthode on a évité de calculer trois chiffres du quotient $\dfrac{\pi}{\sqrt{3}}$.

58. On peut démontrer le principe sur lequel la règle est fondée sans se servir des erreurs relatives.

Soit A composé de $2n+1$ chiffres, alors A' a aussi $2n+1$ chiffres; mais il est terminé par n zéros, alors $A-A' < 10^n$, ou bien $(\sqrt{A}-\sqrt{A'})(\sqrt{A}+\sqrt{A'}) < 10^n$ et par suite $\sqrt{A} - \sqrt{A'} < \dfrac{10^n}{\sqrt{A}+\sqrt{A'}}$; or 10^n est le plus petit nombre de $n+1$ chiffres et chaque partie du dénominateur à $n+1$ chiffres; le dénominateur est donc plus grand que le numérateur, donc $\sqrt{A}-\sqrt{A'} < 1$.

Soit A composé de $2n$ chiffres, alors A' est terminé par

$n-1$ zéros, et l'on a $A - A' < 10^{n-1}$; d'où, comme précé-
demment, $\sqrt{A} - \sqrt{A'} < \dfrac{10^{n-1}}{\sqrt{A} + \sqrt{A'}}$. Le numérateur est le
plus petit nombre de n chiffres, chaque partie du dénomina-
teur a n chiffres ; donc le dénominateur est plus grand que le
numérateur, donc $\sqrt{A} - \sqrt{A'} < 1$.

39. Méthode abrégée pour l'extraction de la racine carrée
d'un nombre à moins d'une unité près.

*Quand on a obtenu plus de la moitié des chiffres de la ra-
cine carrée, pour compléter la racine carrée à une unité près,
il suffit de diviser le dernier reste obtenu, à la droite duquel
on a écrit les tranches de deux chiffres qui n'ont pas servi, par
le double du nombre trouvé à la racine, suivi d'autant de zéros
qu'il faut encore de chiffres à la racine.*

Exemple. — Extraire à une unité près la racine carrée de
21763482057363. On calcule par la méthode vulgaire, puis on

```
21.7 6.3 4.8 2.0 5.7 3.6 3 | 4665134
    5 7.6                   |  86  |  926  |  9325  |
      6 0 3.4               |   6  |    6  |     5  |
        4 7 8 8.2           | 93301 | 933023 |
          1 2 5 7 0.5       |    1  |      3  |
            3 2 4 0 4 7.3       9330264
              4 4 1 4 0 4 6.3          4
                6 8 1 9 4 0 7
```

divise le reste 1257 suivi des trois tranches 05.73.63, c'est-à-
dire le nombre 1257057363 par le double du nombre trouvé
4665, ce double 9330 suivi de trois zéros ; il faut donc diviser 1257057363 par 9330000 ou bien
1257057,363 par 9330. On trouve 134
pour le quotient à une unité près ; mettant ces trois chiffres à la suite de 4665
on a 4665134 pour la racine carrée du
nombre proposé, mais à une unité près.

```
1257057,363 | 9330
   32405    | 134
   44157
    6837
```

En continuant l'extraction de la racine carrée, on trouve le même résultat.

Soit N le nombre proposé, α le nombre formé par les chiffres déjà trouvés à la racine. En écrivant à la droite de α autant de zéros qu'il faut encore de chiffres pour avoir la racine carrée à moins d'une unité, on trouve un nombre a; soit R le reste du nombre total N, après avoir trouvé α et soit b le nombre (commensurable ou incommensurable) complétant avec a la racine de N. On a alors $N = (a+b)^2 = a^2 + 2ab + b^2$, d'où $N - a^2 = 2ab + b^2$; mais $N - a^2$ c'est R, donc $R = 2ab + b^2$.

Divisant chaque membre par $2a$, on a $\dfrac{R}{2a} = b + \dfrac{b^2}{2a}$. Désignant par q la partie entière du quotient $\dfrac{R}{2a}$ et par r le reste de la division,

on a $\dfrac{R}{2a} = q + \dfrac{r}{2a}$, donc $q + \dfrac{r}{2a} = b + \dfrac{b^2}{2a}$; d'où $q = b + \dfrac{b^2}{2} - \dfrac{r}{2a}$.

Mais $\dfrac{r}{2a}$ est évidemment plus petit que 1 et $\dfrac{b^2}{2a}$ est moindre que $\dfrac{1}{2}$; car soit n le nombre de zéros qu'il a fallu mettre à la droite de α pour composer a, alors $b < 10^n$ et a a au moins $2n + 1$ chiffres, puisqu'il a n zéros à sa droite et plus de n chiffres significatifs à sa gauche, alors $a > 10^{2n}$, par conséquent $\dfrac{b^2}{a} < \dfrac{10^{2n}}{10^{2n}}$ ou plus petit que 1, par suite $\dfrac{b^2}{2a}$ est moindre que $\dfrac{1}{2}$;

donc $\dfrac{b^2}{2a} - \dfrac{r}{2a}$ est moindre que 1, et par conséquent q et b diffèrent de moins d'une unité. Donc en remplaçant dans la racine complète $a + b$ la partie b par q, on a un nombre $a + q$ qui diffère de la vraie racine de moins d'une unité; on a donc la racine carrée à moins d'une unité près.

Cette racine est par excès si $\dfrac{b^2}{2a}$ est plus grand que $\dfrac{r}{2a}$; par défaut dans le cas contraire, et exacte si $\dfrac{b^2}{2a}$ vaut $\dfrac{r}{2a}$.

40. II. Racine cubique. *L'erreur relative de la racine cubique d'un nombre approché est sensiblement égale au tiers del'erreur relative de ce nombre approché.* Car le nombre approché est le produit de trois facteurs approchés dans le même sens; alors l'erreur relative du nombre approché est sensiblement égale à la somme des erreurs relatives des trois facteurs approchés, et comme ces facteurs sont égaux, les erreurs relatives sont égales, et l'erreur relative est sensiblement égale au triple de l'erreur relative de l'un des facteurs; par conséquent l'erreur relative de l'un des facteurs, c'est-à-dire de la racine cubique du nombre approché, est sensiblement égale au tiers de l'erreur relative du nombre approché.

41. *Lorsqu'à la gauche d'un nombre on prend plus du tiers des chiffres exacts et qu'on remplace les autres par des zéros, on a un nombre approché dont la racine cubique diffère de celle du nombre proposé de moins d'une unité.*

Soit A le nombre proposé (comme on l'a dit déjà pour la racine carrée, tous les calculs sont ramenés à une extraction de racine d'un nombre entier à une unité près). Ce nombre peut avoir $3n$ ou $3n+1$, ou $3n+2$ chiffres; soit A' le nombre approché obtenu en prenant à partir de la gauche plus du tiers des chiffres exacts et remplaçant les autres par des zéros.

1° A a $3n$ chiffres, alors A' a $n+1$ chiffres exacts suivis de $2n-1$ zéros; l'erreur relative de A' est moindre que $\dfrac{1}{c \cdot 10^n}$ et celle de $\sqrt[3]{A'}$ est moindre que $\dfrac{1}{3c \cdot 10^n}$. Donc l'erreur absolue de $\sqrt[3]{A'}$ est moindre qu'une unité du n^e chiffre à partir de la gauche et comme A n'a que n chiffres dans la partie entière de sa racine cubique, il s'ensuit que $\sqrt[3]{A}$ et $\sqrt[3]{A'}$ diffèrent de moins d'une unité entière.

2° A a $3n+1$ chiffres, alors A' a $n+1$ chiffres exacts suivis de $2n$ zéros; l'erreur relative de A' est moindre que $\dfrac{1}{c \cdot 10^n}$ et celle de $\sqrt[3]{A'}$ est moindre que $\dfrac{1}{3c \cdot 10^n}$. Or la première tranche de A' n'a qu'un chiffre; alors le premier chiffre à gauche de $\sqrt[3]{A'}$ est au plus 2, tandis que $3c$ est au moins 3. Donc l'erreur absolue de $\sqrt[3]{A'}$ est moindre qu'une unité du $(n+1)^{ème}$ ordre en partant de la gauche; et comme $\sqrt[3]{A}$ a $n+1$ chiffres dans la partie entière, il s'ensuit que la différence entre $\sqrt[3]{A}$ et $\sqrt[3]{A'}$ est moindre qu'une unité.

3° A a $3n+2$ chiffres, alors A' a $n+1$ chiffres exacts et $2n+1$ zéros; l'erreur relative de A' est moindre que $\dfrac{1}{c \cdot 10^n}$ et celle de $\sqrt[3]{A'}$ est moindre que $\dfrac{1}{3c \cdot 10^n}$. Mais la première tranche à gauche de A' n'ayant que deux chiffres, le premier chiffre à gauche de $\sqrt[3]{A'}$ est alors ou 2, ou 3, ou 4. Lorsqu'il est 2, c'est que le premier chiffre de A' est 1 ou 2, alors $3c$ est ou 3 ou 6, toujours plus grand que 2. Lorsque le premier chiffre de $\sqrt[3]{A}$ est 3, c'est que le premier chiffre à gauche de A' est 2 ou 3, ou 4, ou 5, ou 6; alors $3c$ est au moins 6 et au plus 18; il est donc plus grand que 3. Lorsque le premier chiffre de $\sqrt[3]{A'}$ est 4, c'est que le premier chiffre de A' est au moins 6, alors $3c$ est au moins 18. Donc dans tous les cas $3c$ est plus grand que le premier chiffre à gauche de $\sqrt[3]{A'}$, donc l'erreur absolue de $\sqrt[3]{A'}$ est moindre qu'une unité du $(n+1)^{ème}$ ordre à partir de la gauche; et comme $\sqrt[3]{A}$ a $n+1$ chiffres dans la partie entière, il en résulte que la différence entre $\sqrt[3]{A}$ et $\sqrt[3]{A'}$ est moindre qu'une unité entière.

Cela posé, lorsque les chiffres du nombre dont on veut extraire la racine cubique à une unité près ne sont pas tous connus, on peut éviter de les calculer tous; il suffit d'en calculer plus du tiers et de remplacer les autres par des zéros.

Soit à extraire la racine cubique du $\dfrac{\sqrt[2]{19}}{\pi}$ a 0,001 près. Il faudrait calculer préalablement le quotient avec neuf chiffres décimaux, et, comme il y a un chiffre dans la partie entière, on doit avoir en tout dix chiffres ; il suffira alors d'en calculer 4 et de mettre six zéros à la suite. Puisqu'on ne veut calculer que 4 chiffres du quotient, il suffit de prendre les 6 premiers chiffres à gauche de π pour le premier diviseur ; ensuite calculer $\sqrt[2]{19}$ jusqu'au chiffre des millièmes compris et mettre deux zéros à la suite pour avoir le premier dividende, etc...

42. Par les expressions algébriques on peut expliquer le même théorème, sans avoir recours aux erreurs relatives ;

soit $A - A' < \alpha$ ou $\left(\sqrt[3]{A}\right)^3 - \left(\sqrt[3]{A'}\right)^3 < \alpha$, ou encore

$$\left(\sqrt[3]{A} - \sqrt[3]{A'}\right)\left(\sqrt[3]{A^2} + \sqrt[3]{A}\sqrt[3]{A'} + \sqrt[3]{A'^2}\right) < \alpha \, ;$$

d'où
$$\sqrt[3]{A} - \sqrt[3]{A'} < \frac{\alpha}{\sqrt[3]{A^2} + \sqrt[3]{AA'} + \sqrt[3]{A'^2}}.$$

Dans le cas où A a $3n$ chiffres, A' étant terminé par $2n-1$ zéros, la différence $A - A'$ est moindre que $10^{2n-1} = \alpha$. Or $\sqrt[3]{A^2}$ a $2n$ chiffres, $\sqrt[3]{AA'}$ a aussi $2n$ chiffres et $\sqrt[3]{A'^2}$ a aussi $2n$ chiffres ; donc le dénominateur, qui se compose de trois parties ayant chacune $2n$ chiffres dans la partie entière, est plus grand que le numérateur 10^{2n-1} qui est le plus petit nombre de $2n$ chiffres ; donc $\sqrt[3]{A} - \sqrt[3]{A'} < 1$.

Dans le second cas, lorsque A a $3n + 1$ chiffres, alors A' est terminé par $2n$ zéros, et la différence $A - A'$ est moindre que $10^{2n} = \alpha$. Alors A^2 a $6n + 2$ chiffres ou $6n + 1$ chiffres et $\sqrt[3]{A^2}$ dans chaque cas a $2n + 1$ chiffres, de même $\sqrt[3]{AA'}$ et $\sqrt[3]{A'^2}$; donc le dénominateur, qui se compose de trois parties ayant chacune $2n + 1$ chiffres dans la partie entière, est plus grand que le numérateur 10^{2n} qui est le plus petit nombre de $2n + 1$ chiffres, donc encore $\sqrt[3]{A} - \sqrt[3]{A'} < 1$.

Enfin lorsque A a $3n+2$ chiffres, A' est terminé par $2n + 1$

7

zéros, alors $A - A'$ est moindre que $10^{2n-1} = \alpha$. Mais dans ce cas A^2, qui est le produit de deux nombres de $3n+2$ chiffres chacun, a au moins $6n+3$ et au plus $6n+4$ chiffres, alors $\sqrt[3]{A^2}$ a au moins $2n+1$ chiffres et le premier chiffre à gauche est au moins 4; il en est de même de $\sqrt[3]{AA'}$ et de $\sqrt[3]{A'^2}$; donc la somme $\sqrt[3]{A^2} + \sqrt[3]{AA'} + \sqrt[3]{A'^2}$ est un nombre composé de $2n+2$ chiffres contenant au moins 12 unités du $(2n+1)^{\text{ème}}$ ordre à partir de la droite, donc le dénominateur est plus grand que la numérateur 10^{2n-1} qui est le plus petit nombre de $2n+2$ chiffres; donc $\sqrt[3]{A} - \sqrt[3]{A'} < 1$.

45. Méthode abrégée pour avoir la racine cubique d'un nombre donné à une unité près.

Quand on a calculé plus de la moitié des chiffres de la racine cubique d'un nombre, on peut, par une simple division, trouver tous les autres chiffres de la racine cubique à une unité près. On divise le reste suivi de toutes les tranches ternaires non employées par le triple carré du nombre déjà trouvé à la racine et suivi d'autant de zéros qu'il faut encore de chiffres pour avoir la racine cubique à une unité près; le quotient trouvé en s'arrêtant à la partie entière mis à la droite du nombre déjà trouvé à la racine donne le nombre demandé.

Soit N le nombre dont on veut avoir la racine cubique à une unité près, soit a le nombre formé des chiffres déjà trouvés et suivis d'autant de zéros qu'il faut encore de chiffres; et b le nombre (le plus souvent incommensurable) qui complète la racine cubique. On a

$$N = (a+b)^3 = a^3 + 3a^2 b + 3ab^2 + b^3.$$

d'où $N - a^3$ ou $R = 3a^2 b + 3ab^2 + b^3$; en divisant chaque membre par $3a^2$, on a l'égalité $\dfrac{R}{3a^2} = b + \dfrac{3ab^2 + b^3}{3a^2}$ et en représentant par q la partie entière du quotient $\dfrac{R}{3a^2}$ et par r le

reste, on a $q + \dfrac{r}{3a^2} = b + \dfrac{3ab^2 + b^3}{3a^2}$.

donc
$$\delta = q + \left[\frac{r}{3a^2} - \frac{3a\delta^2 + \delta^3}{3a^2}\right].$$

En prouvant que la partie $\left(\dfrac{r}{3a^2} - \dfrac{3a\delta^2 + \delta^3}{3a^2}\right)$ est moindre que 1, il est prouvé que q est la partie entière de δ ou par défaut ou par excès. Or $\dfrac{r}{3a^2}$ est évidemment moindre que 1; le point important est donc de prouver que $\dfrac{3a\delta^2 + \delta^3}{3a^2}$ est moindre que 1, lorsque les conditions nécessaires et suffisantes sont observées. Cherchons donc ces conditions: il faut que $\dfrac{3a\delta^2 + \delta^3}{3a^2} < 1$, d'où $\delta^3 < \dfrac{3a^2}{3a + \delta}$. Soit n le nombre de chiffres de la racine cherchée; alors $3a^2$, qui est le produit de trois facteurs a, a, de n chiffres chacun, et de 3 d'un seul chiffre, a au moins $2n-1$ chiffres: le dénominateur $3a + \delta$ a au plus $n + 1$ chiffres; donc le quotient $\dfrac{3a^2}{3a + \delta}$ a au moins $n - 2$ chiffres et au plus $n - 1$ dans sa partie entière. Donc $\delta^3 a$ au plus $n - 1$ chiffres dans la partie entière, et par conséquent δ a au plus $\dfrac{n - 1}{2}$ chiffres dans sa partie entière, c'est-à-dire moins de la moitié du nombre des chiffres de la racine cubique. Or a se compose de plus de la moitié des chiffres de la racine et ces chiffres suivis de zéros. donc δ a dans sa partie entière moins de la moitié des chiffres de la racine, donc q est réellement la valeur de δ à moins d'une unité; donc $a + q$ est la racine cubique de N à moins d'une unité.

D'après l'égalité $\delta = q + \left[\dfrac{r}{3a^2} - \dfrac{3a\delta^2 + \delta^3}{3a^2}\right]$, si δ doit être plus grand que q. c'est que r doit être supérieur à $\delta^2 (3a + \delta)$; donc si r est plus grand que $(q+1)^2 (3a+q+1)$, $a+q$ est la racine approchée par défaut, et si r est plus petit que $q^2(3a + q)$, alors $a + q$ est la racine approchée par excès.

Mais si r étant plus grand que $q^2 (3a+q)$ est en même

temps plus petit que $(q + 1)^2 (3a + q + 1)$, on est incertain si la racine cubique $a + q$ est par défaut ou par excès; alors on fait le cube de $(a+q)$, et si on trouve un nombre plus petit que N, $a + q$ est par défaut, et si on trouve plus que N, $a + q$ est par excès.

Pour former le cube de $a + q$, il faut au cube de a qui a déjà été calculé (il serait superflu de le calculer une seconde fois), ajouter le produit du nombre q par la somme du carré de q et du triple produit de a par $(a + q)$;

car
$$(a + q)^3 = a^3 + q \left[3a(a + q) + q^2\right].$$

44. Si l'on avait à calculer un grand nombre de chiffres de la racine cubique, on calculerait d'abord les trois premiers chiffres par la méthode vulgaire. Ensuite on opérerait comme pour avoir la racine cubique à moins d'une unité du cinquième chiffre à partir de la gauche, c'est-à-dire comme si la racine ne devait avoir que 5 chiffres; ayant déjà plus de la moitié des 5 chiffres, on calculerait les deux autres par la division comme on l'a dit plus haut. On aurait ainsi 5 chiffres de la racine, on déterminerait le reste correspondant en retranchant du nombre proposé le cube du nombre formé par les 5 chiffres, alors on opérerait comme si la racine cubique dût avoir 9 chiffres, et comme on aurait plus de la moitié de ces 9 chiffres, on calculerait les 4 autres par la division du reste par le triple carré du nombre de 5 chiffres trouvé à la racine. On aurait ainsi 9 chiffres de la racine; après on opérerait comme devant avoir 17 chiffres à la racine et comme on en aurait plus de la moitié puisqu'on en aurait 9, on calculerait les huit autres par la division du reste correspondant au nombre de 9 chiffres par le triple carré de ce nombre. On aurait alors 17 chiffres de la racine, puis 33, puis 65, etc...., en suivant toujours la même méthode.

45. Ce calcul rapide des chiffres de la racine s'applique aussi à la racine carrée.

EXERCICES.

1. Trouver les cinq premiers chiffres exacts du quotient $\dfrac{1}{\pi}$.

2. Calculer les six premiers chiffres du produit

$$\sqrt[2]{\dfrac{73,2}{2,72}} \times \sqrt[3]{\dfrac{437}{207}}.$$

3. Calculer à un millième près le produit

$$\pi \times 37,54832709 \times 637,8324926.$$

4. Calculer à une unité près le rapport du rayon d'un cercle à l'arc d'une seconde.

5. Calculer à 0,0001 près le rapport du côté du triangle équilatéral inscrit dans un cercle au côté du décagone régulier inscrit au même cercle.

6. Calculer à 1 mètre près le rayon de la terre supposée sphérique.

7. Calculer à un dixième de seconde l'angle du développement de la surface d'un cône droit dont le côté et le rayon de la base sont dans le rapport de $\sqrt{7}$ à $\sqrt{2}$.

8. Trouver à 1 millimètre près la hauteur du cylindre équilatéral équivalent au double décalitre.

9. Le nombre A vaut plus de 27,3647 et moins de 27,3648, le nombre B vaut plus de 437,54 et moins de 437,55 ; avec quelle approximation peut-on avoir le produit de A par B ?

10. Le nombre A vaut plus de 307,5428 et moins de

307,5429, le nombre B vaut plus de 4,74592 et moins de 4,74593 ; avec quelle approximation peut-on avoir le quotient de A divisé par B ?

11. Trouver le quotient de 237089456,73.. par 87456,3674... à moins de 0,01 près.

12. Trouver la valeur inverse de 7,36284 à un demi-millième près.

13. Trouver la racine carrée de 6037483297,567 à un dixième près.

14. Trouver la racine cubique du nombre 5378107326,6947... à un dixième près.

15. Trouver, à moins d'un kilomètre, le rayon de la terre, supposée sphérique, sachant que le plus grand nombre de myriamètres carrés contenus dans sa surface est de 5099508.

16. Trouver, à un mètre près, le côté du carré équivalent à la surface de la sphère dont le grand cercle est de 40000000 de mètres.

FIN.

TABLE DES MATIÈRES.

FIN DE LA TABLE DES MATIÈRES.

Paris — Imprimé par E. Thunot et Cᵉ, rue Racine, 26.

Paris. — Imprimé par E. Thunot et Ce, 26, rue Racine.